MÉCANISME

DE LA

NATURE.

MECANISME

DE LA

NATURE;

OU

SYSTÈME DU MONDE,

FONDÉ SUR LES FORCES DU FEU.

PRÉCÉDÉ

D'UN EXAMEN DU SYSTÈME DE NEWTON.

Par M. l'Abbé JADELOT, Chap. Conv. de l'Ordre de Malte.

Ignis ubique latet; naturam amplectitur omnem:
Attrahit & pulsat, dividit atque parit.
(*Voltaire*).

A LONDRES.

M. DCC. LXXXVII.

MÉCANISME
DE LA
NATURE;
OU
SYSTÈME DU MONDE,
FONDÉ SUR LES FORCES DU FEU.

PLAN ET DIVISION DE L'OUVRAGE.

LE but qu'on se propose dans cet Ouvrage, est de présenter une Physique céleste & terrestre, fondée sur les propriétés essentielles & connues du FEU, principe constant d'impulsion & d'attraction.

Ce peu de mots laisse déjà entrevoir des forces mécaniques pour régir les mouvemens des planètes ; un principe que nous avons le moyen de comparer avec une cause physique.

Le FEU, être réel & visible, est un agent destructeur & consommateur, qui aspire & exhale toujours. Cette triple action en fait par conséquent un grand mobile, un mobile parfait, & dès-lors il peut devenir l'unique agent de la nature.

Il faut donc démontrer que les globes gyrovagues ou fixes de tout notre univers visible, contiennent une chaleur centrale des plus considérables, qui s'exhalant au dehors, leur forme d'immenses atmosphères par lesquelles ils s'équilibrent tous dans leur système respectif.

Cette grande vérité une fois établie, nous verrons la cause physique de la forme sphérique de toutes les masses célestes ; la cause de la rotation des planètes, d'où suit leur circonvolution

autour de l'essieu brûlant qui les supporte ; & la cause de la marche uniforme
de la Lune , ne changeant jamais de face
par rapport à nous.

Nous découvrirons un nouveau mouvement de la Terre , par lequel elle
balance son axe , pour présenter alternativement un de ses tropiques sous le
Soleil , & varier nos saisons. Son mouvement elliptique deviendra un mouvement nécessaire & physique. Le progrès de son aphélie tiendra à la présence
d'un satellite ; & la précession des équinoxes dépendra immédiatement de cette
irrégularité.

Ce satellite aura une influence encore
bien plus forte sur sa planète. Il lui
fera faire cinq rotations & quelque
chose de plus que ce qu'elle feroit de
son propre mouvement , pour une de
ses circonvolutions annuelles. Mais cette
influence réagira sur lui-même , & lui

fera faire auſſi cinq révolutions & quelque choſe de plus qu'il ne devroit faire pendant une circonvolution de la planète.

Les mouvemens comparés de ces deux globes, nous révèleront la loi de leur attraction mutuelle, & ſon rapport précis avec leur action de mouvement, c'eſt-à-dire, leur impulſion.

Dès que nous pourrons prononcer ſur le mouvement propre de chacun de ces globes, & apprécier l'influence d'accélération de l'un ſur l'autre, nous pourrons fixer le nombre des rotations de chaque planète; nous démontrerons l'exiſtence d'un ſatellite autour de Mars, d'un ſatellite pour Vénus, & d'un ſatellite pour Mercure, &c.

Les analogies s'offrent en foule à nos recherches pour en tirer des conséquences; & en les ſuivant fidellement pour guides, nous rétabliſſons l'uniformité &

l'harmonie dans les mouvemens des planètes & des satellites ; tous ces globes n'ont plus qu'une même densité ; tous font espacés, chacun dans leur système respectif, en raison de leur grosseur. Celle du Soleil nous est connue , & nous prononçons sur celle de toutes les planètes.

Nous étions voués jusqu'à présent à des erreurs optiques que nous apprenons enfin à rectifier. Les eaux , dont nous avons toujours méconnu l'utilité dans l'économie du système du monde, & que nous voyons reposer en grande masse sur la surface de la terre , ou s'élever en vapeurs autour de nous , seront un des régulateurs essentiels de l'harmonie des mouvemens comparés de notre système planétaire. L'immobilité du Soleil devient un fait démontré. L'hypothèse de l'assimilation des Comètes aux planètes , est discutée & rejetée.

Saturne redevient une planète semblable à toutes les autres. Les fréquentes inégalités de la Lune, le flux & reflux de la mer, l'ascension des liqueurs dans les tubes capillaires, la formation des continens, &c. &c.....font expliqués par une seule & même cause. Enfin, nous ne reconnoissons plus qu'un seul agent dans la nature, qu'un seul mobile, un Feu expansible & attractif, universellement répandu; & tous les phènomènes de la Physique n'offrent plus qu'une seule & grande vérité; j'ai presque dit, un seul fait.

Ce court énoncé fait entrevoir des découvertes aussi intéressantes que neuves: une série d'analogies qu'on n'a point encore apperçues, & de nouvelles loix de la nature, qui, jusqu'à présent, ont échappé aux Physiciens.

Je puis paroître ici accuser d'insuffisance le système même de *Newton*, qui

cependant est suivi par une grande partie des savans de l'Europe. Mais je remarque que les principes de ce philosophe, n'ont pas absolument séduit tous
nos plus grands géomètres, puisque M.
d'*Alembert* a consigné dans l'Encyclopédie, des doutes sur la Physique attrac-
tionnaire; & que quantité de Physiciens
commencent à pressentir, contre l'opinion de tous les Newtoniens, que les
mouvemens des cieux s'exécutent par
des forces mécaniques.

Voyons donc, en examinant & en dis-
cutant scrupuleusement le système de
Newton, si nous ne devons pas aussi
douter de ses principes, & si nous ne
pourrons pas lui opposer quelques objections qui nous autoriseront à recourir
à de nouveaux élémens de Physique.

C'est ce dont nous allons nous occuper, avant de proposer notre système
qui sera divisé en quatre Livres.

Dans le premier, j'exposerai les principes préliminaires qui doivent servir de
base à une nouvelle Physique fondée
sur les forces du Feu, principe d'impulsion & d'attraction.

Le second Livre détaillera les preuves
du premier, par les plus grands phénomènes qu'offre l'Astronomie comparée
des globes gyrovagues de notre univers
solaire.

Les phénomènes de la Physique terrestre, feront le sujet du troisième Livre.

Enfin, le quatrième & dernier Livre
comprendra les phénomènes des éruptions du Vésuve; lesquels serviront de
preuves à une théorie concernant la formation des continens & des montagnes,
peut-être plus plausible que celle de
M. *de Buffon* sur ce même objet.

En soumettant cet Ouvrage au juge-
ment des Savans, le but de l'Auteur
est, non de les instruire, mais de les

conſulter. Il ne ſe diſſimule pas que des doutes ſeuls contre le Syſtème de *New-ton*, ſi généralement adopté, paroîrront téméraires, & éleveront contre lui une prévention défavorable. Mais il demande que les Phyſiciens daignent diſcuter ſes principes & comparer les analogies dont il s'étaye; & peut-être ſeront-ils obligés de convenir qu'on peut s'écarter de *Newton*, & ramener la Phyſique à des principes plus connus & plus uniformes que ceux de ce grand philoſophe.

TABLE
DES CHAPITRES.

LIVRE PREMIER.
DES FORCES DU FEU.

LIVRE SECOND.

DE L'ASTRONOMIE COMPARÉE DE NOTRE SYSTÈME PLANÉTAIRE.

LIVRE TROISIÈME.

PHYSIQUE TERRESTRE.

LIVRE QUATRIÈME.

THÉORIE DE LA TERRE.

FIN de la Table.

E R R A T A.

Page 66, 6me. ligne de la note, *par son électricité*, lisez,
par son élasticité.

Page 95, 23me. ligne, *sur deux points*, lisez, sur ces deux
points.

Page 144, effacez la première étoile après le mot *continuelle*;
& à la dernière ligne de la page, au lieu de *& nous
démontrerons*, lisez, nous démontrerons.

Page 163, 24me. ligne, *au dessus du rayon*, lisez, au dessous
du rayon.

EXAMEN

DU

SYSTEME DE NEWTON.

Nous sommes dans un siècle trop éclairé, pour qu'une critique motivée du système de Physique, même le plus suivi, ne soit point écoutée. Nous devons, sans doute, revenir souvent sur nos principes même le plus généralement reçus, dès que le raisonnement peut les détruire ; & nous ne devons plus jurer religieusement, si j'ose m'exprimer ainsi, sur la parole d'un maître, dès que son autorité est contre-balancée par des doutes trop fondés ou des contradictions manifestes.

La philosophie d'*Aristote* portoit un caractère de fausseté qui a fait accueillir trop favorablement le système absolument défectueux des tourbillons de *Descartes* : mais le système de l'attrac-

A

tion n'auroit-il point été aussi trop favorablement & trop généralement adopté ? puisque ce système, le plus incomplet de tous ceux que les physiciens ont jamais conçus, n'offre qu'un édifice immense sans proportion, dont aucune des parties n'est liée avec l'autre.

Si le lecteur dépouillé de toute prévention, peut hésiter à croire que *Newton* ait posé la dernière borne de l'esprit humain, quoique la plupart des savans de l'Europe semblent attachés exclusivement à sa physique, sur-tout depuis un demi-siècle (*) ; si le lecteur peut être amené au doute dont nous allons tâcher de lui démontrer la nécessité à l'égard du système de *Newton* ; il goûtera sans doute nos objections contre ce système, il aura une conviction sentie de la fausseté de ses principes, de la nécessité de les détruire, & il discutera plus librement les nouveaux principes que nous établirons ensuite, pour les substituer à ceux du Philosophe Anglois.

(*) Les principes mathématiques de *Newton* ont paru en 1687. Sa physique fut aussitôt reçue en Angleterre ; mais ce ne fut vraiment que cinquante ans après qu'on l'accueillit en France & qu'elle devint la doctrine générale des Ecoles & des Académies de l'Europe. C'est M. *de Maupertuis* qui opéra en partie cette grande révolution.

Développons cette critique en rapprochant tous les phénomènes que les Newtoniens ont prétendu expliquer, & comparons les fausses solutions qu'ils ont données des faits, les phénomènes nombreux qu'ils ont omis, qu'ils ont contredits, ou qui mettent ces Physiciens en contradiction avec eux-mêmes. Enfin, examinons les hypothèses multipliées auxquelles ils ont eu recours pour compléter leur système, qui, par-là manquant d'ensemble, d'unité & de vraisemblance, ne laisse voir aucun ordre, aucune harmonie, aucune uniformité dans le ciel, & nous montre au contraire le tableau de l'astronomie sous la forme la plus bizarre, & les mouvemens célestes régis par les loix les plus fausses & les plus absurdes. C'est ce que vont démontrer les détails suivans.

§. I.

DISTANCES OPTIQUES ET RESPECTIVES DES PLANÈTES AVEC LA TERRE.

La terre est à trente millions de lieues environ du Soleil. Mercure est à un tiers de cette distance du même astre. Venus aux trois quarts. Mars a une fois & demie la distance de la terre. Jupiter a *cinq fois notre distance ; Saturne dix fois , & la planète de Herschel dix-huit fois* (*).

On suspecteroit sans doute, & avec raison , un Physicien qui oseroit contredire les Astronomes sur le fait de cette position ou distance respective des planètes entr'elles. Mais essayons un parallèle.

§. II.

RAPPORT DES DISTANCES DES PLANÈTES AVEC LEURS DEMI-DIAMÈTRES.

La Terre a trois mille lieues de diamètre , & elle *est à vingt mille de ses demi diamètres du soleil.*

Or si *Jupiter* qui offre un disque de 31 mille lieues de diamètre environ, ne se trouve qu'*à dix mille de ses demi-diamètres du soleil ;* si *Mars* est supposé plus petit que *Venus*, & distant de près de 50 *mille de ses demi-diamètres ;* enfin si *le* IVe. *satellite de* Jupiter & *le* Ve. *satellite de Saturne ,* sont l'un & l'autre à 25 *demi-diamètres de leur planète*

(*) Voyez M. d'*Alembert* dans l'Encyclopédie, & l'Astronomie de *Lalande* , aux articles qui concernent ces planètes. On vérifiera tous les textes des articles suivans , dans les deux ouvrages que je viens de citer , ainsi que dans les principes mathématiques de *Newton*, l'Astronomie de *Lemonnier* ; le discours sur la figure des astres de *Maupertuis* , *Buffon* , &c. &c. C'est à ces Auteurs qu'on peut recourir indifféremment lorsque je ne cite pas.

principale, tandis que la *Lune* est supposée élevée au-dessus de nous *de plus de* 53 *demi-diamètres de la terre*; il est évident que le Physicien doit révéler l'erreur qui cause ces disparates, ou expliquer la nécessité des disparates mêmes (*).

§. III.
DIAMÈTRES DES PLANÈTES SELON LES *NEWTONIENS*.

De Mercure, 888 *lieues*; *de Vénus*, 2658; *de la Lune*, 782; *de Mars*, 1814; *de Jupiter*, 30 *mille* 830; *de Saturne*, 27 *mille* 300; *de son anneau*, 63 *mille* 700; *du Soleil*, 323 *mille* 155....

Mars plus petit que *Vénus*, & *Saturne* plus petit que *Jupiter*, font des disproportions choquantes; indépendamment de l'hypothèse qui suppose *Saturne* construit de deux pièces, c'est-à-dire, d'un globe enchassé dans un anneau (**).

Les Newtoniens ont-ils donc établi que le sens de la vue étoit infaillible, ou plus sûr que toutes les analogies qui pouvoient fournir des inductions rigoureuses sur les grosseurs vraies & res-

(*) Voyez ci-après livre 2, chapitre 11.
(**) Voyez ci-après livre 2, chap. 8.

A 3

pectives des planètes ? Le grand *Cassini* est le seul Astronome qui ait osé soupçonner, contre le témoignage de ses yeux, que les planètes devoient être graduées de grosseur en raison de leur distance du soleil, & les satellites, en raison de leur distance de leur planète principale. Mais cet habile Physicien n'a point apperçu les analogies qui pouvoient établir cette grande vérité (*).

§. IV.

Densités des Planètes.

Mercure *a celle de l'étain* ; Vénus, *celle de l'émail* ; la Terre, *celle du verre pur* ; la Lune, *celle de la pierre calcaire* ; Mars, *celle du marbre* ; Jupiter *& le Soleil, celle de la craie* ; Saturne, *celle de la pierre-ponce* ; *& les Satellites de ces deux dernières planètes sont encore beaucoup plus légers que leur planète principale* (**).

Je ne vous présente point ces densités comparées des planètes & des satellites, par des chiffres, pour vous en faire mieux saisir le ridicule (***).

(*) Voyez ci-après livre 2, chap. 11.
(**) Voyez *Buffon*, époques de la nature.
(***) Voyez *Lalande* ou l'Encyclopédie, art. *densité.*

L'esprit humain n'a pas créé d'hypothèse plus bizarre que celle-là. Cependant la raison qui nous dicte que la physique devroit ne présenter qu'une seule & grande vérité, se tait devant ce mystère philosophique ; tant il est difficile de s'élancer au-delà des premières instructions de l'école, & de revenir des préjugés de l'éducation !

La différence des densités des planètes est incontestablement l'erreur la plus forte des Physiciens de nos jours, & c'est *Newton* qui en est l'auteur ; parce qu'il a estimé les forces attractives des planètes, en comparant la distance & la vîtesse de la *Lune* avec la distance & la vîtesse du premier satellite de *Jupiter*, & celles du premier satellite de *Saturne*. Ces trois satellites n'ayant aucun rapport entre eux, ne pouvoient donner que des conséquences également disparates & absurdes (*).

Aussi, ne prononcez pas sur le fait de la densité spécifique de la Lune, parce que *Newton & les Physiciens depuis lui, n'ont encore rien dit de satisfaisant sur ce sujet* (**). M. d'*Alembert* a constamment regardé la détermination de la densité

____

(*) Voyez ci-après livre 2, chap. II.
(**) Encyclopédie art. *Lune*.

de la *Lune*, comme un *des problêmes les plus diffi-*
ciles de l'astronomie. M. *Clairaut* n'a pas héfité
d'avancer, *que ce petit aftre ne fuivoit point du*
tout la loi de l'attraction newtonienne en raifon
inverfe du carré de la diftance; mais qu'il lui falloit
une autre loi.

De pareilles contradictions concernant le premier aftre à confulter, & le plus voifin de nous,
n'ont pas encore rebuté les Phyficiens, ni même
fait fufpecter le fyftème de *Newton.* Cet attache-
ment irréfiftible pour un fyftème toujours contredit depuis un fiècle, a droit d'étonner.

§. V.

ROTATION DES PLANÈTES.

De Mercure*, inconnue*; *de* Vénus*, 24 heures,*
ou 24 jours; *de* Mars*, 24 heures 40 minutes*; *de*
Jupiter*, 10 heures*; *de* Saturne*, 10 heures ou mê-*
me plus vîte, ou point du tout. Celle des fatellites
de ces deux planètes eft fuppofée & inconnue;
celle du Soleil, de vingt-cinq jours & demi (*).

Le fyftème des Newtoniens n'offre aucun moyen pour donner la raifon phyfique de la rotation

____

(*) Encyclopédie.

des planètes. *C'est un choc quelconque*, disent-ils vaguement, *appliqué sur leurs demi-diamètres, à plus ou moins de distance du centre.*

Mais d'où provient ce choc si étrangement varié dans ses effets? & quel qu'il soit, doit-il être indéfiniment durable ? De toutes les expériences qui sont à notre portée, pouvons-nous conclure, qu'un corps une fois mu, puisse ou doive se mouvoir toujours? Est-ce là un axiôme digne de la génération qui va voir le XIXe. siècle (*).

§. VI.

SPHÉRICITÉ DU SOLEIL, DES PLANÈTES ET DES SATELLITES.

Les Newtoniens loin d'en expliquer la cause, n'ont même jamais pensé que ce phénomène constant pût offrir un problème, du ressort de la physique (**).

§. VII.

PLANÈTES QUI ONT DES SATELLITES.

Trois planètes, la Terre, Jupiter & Saturne,

(*) Voyez ci-après livre 2, chapitres 15 , 16 , 17 , 18 & 20.

(**) Voyez ci-après livre 2 , chapitre 1.

ont des *Satellites ; & les trois autres*, Mercure Vénus *& Mars n'en ont point* . . . .

Ici les yeux ont prononcé au défaut des analogies que les Newtoniens n'ont pas apperçues, ou qu'ils n'ont pas voulu comparer, & les disparates ne sont point expliquées, parce qu'on ne s'en fait jamais une difficulté (*).

§. VIII.

Du Progrès de l'Aphélie des Planètes et de la Précession des Équinoxes.

Les Newtoniens n'ont point recherché la cause physique du phénomène de la précession ; mais faisant usage de la ressource facile des hyphothèses, *ils ont applati les pôles des planètes, relevé leurs Equateurs, & expliqué par cette difformité ellipsoïde, la précession des équinoxes* ; c'est-à-dire, qu'ils ont donné la solution d'un fait physique par une hypothèse, qui, quand même elle pourroit être fondée, ne seroit point la cause de ce phénomène, parce que *les formes ne changent point les forces de l'attraction, & qu'elle n'agit que par la masse & la distance*, d'après leurs pro-

(*) Voyez chapitre 14, livre 2.

pres principes (*). (Voyez ci-après Art. X. figure de la Terre).

Ce mouvement étant ainsi isolé du progrès de l'aphélie auquel peut-être de justes analogies le lieroient, il a fallu donner de ce phénomène-ci une solution qui n'avoit aucun rapport avec celle qui explique la précession. En conséquence, les Newtoniens ont attribué le progrès de l'aphélie *à des influences perturbatrices, provenant des planètes les unes sur les autres.*

Or, cette solution est vicieuse, ou au moins incertaine ; car il est aisé de concevoir qu'elle pourrait s'adapter, avec un égal succès, au phénomène contraire de celui dont nous parlons ; ainsi le fait n'est pas démontré.

§. IX.

DES LOIX OU ANALOGIES DE *KÉPLER*, ET DES CONSÉQUENCES QUE *NEWTON* EN A TIRÉES.

La première analogie de *Képler* consiste en ce que *les planètes & les satellites décrivent des aires*

(*) Il est dit positivement dans les principes de *Newton*, que *les formes ne changent point les forces de l'attraction, sans quoi l'on pourroit tomber dans l'inconvénient d'avancer qu'une même quantité de masse sous une grande ou petite forme, attire plus ou moins.*

proportionnelles aux temps , autour de leur centre de mouvement. La seconde suppose *les temps des révolutions des différentes planètes autour du Soleil, & des satellites autour de leur planète, proportionnels aux racines carrées des cubes de leurs distances au Soleil, ou à la planète principale* (*).

La première analogie a fait dire à *Newton, que les planètes gravitoient vers un centre d'attraction :* & il déduit de la seconde, *que cette attraction agit sur toutes les sphères en raison inverse du carré de la distance.*

On sentiroit peut-être mieux l'évidence de cette dernière conséquence, s'il étoit possible de renverser la proposition & de dire : les corps célestes sont attirés en raison inverse du carré de la distance, donc les temps des révolutions sont proportionels aux racines carrées des cubes de leurs distances.

Or, quel est le Physicien, quel est le Géomètre qui pourroit déduire une semblable analogie d'après les termes de cette loi d'attraction qu'on lui auroit indiqués?

Cette loi est donc nulle, & l'analogie n'indique point cette loi, puisque l'une & l'autre ne peuvent point se servir réciproquement de conséquence.

(*) Voyez *Maupertuis* , *Lalande* & l'Encyclopédie.

D'ailleurs, *ces analogies rigoureusement prises*, *ne sont qu'un à-peu-près*, *puisque c'est un fait physique*, *que les planetes*, *à la fin de chaque révolution*, *se trouvent*, *après un temps égal*, *un peu au-delà du point d'où elles sont parties pour décrire leur derniere orbite*, *par le progrès en avant de leur aphélie* : ainsi, les aires qu'elles décrivent, ne sont point exactement proportionnelles aux temps (*).

Mais ces analogies n'ont pas même le mérite de l'à-peu-près par rapport aux satellites, puisque la vîtesse exagérée avec laquelle la *Lune* parcourt son orbite, est si peu proportionnelle à l'aire du cercle qu'elle décrit, que *Newton* a été obligé de recourir à une nouvelle hypothése par laquelle il fait intervenir *une vertu magnétique répandue sur la surface de la terre*, pour ajouter à l'attraction de la planète qui régit ce petit astre. M. *Clairaut* a cru qu'on ne pouvoit concilier le progrès de l'aphélie de *la Lune* avec la puissance qui agit sur elle, qu'*en élévant cette puissance à la raison inverse du carré carré de la distance* ; c'est à-dire, qu'en établissant une loi d'une force double pour ce satellite. Ainsi, les aires n'étant point généralement proportionnelles aux temps, ces

____

(*) Encyclopédie, articles *attraction* & *aphélie*.

deux termes comparés n'indiquent point une loi de la nature, telle que *Newton* l'a assignée (*).

Et si vous comparez la vîtesse du premier satellite de *Jupiter*, par exemple, avec celle de *la Lune*, quelle loi, quelle proportionnalité établirez-vous pour ce satellite, qui décrit en 42 heures seulement, un aire égale à celle que la *Lune* met 655 heures à parcourir (**)? Et si enfin vous recourez aux densités, vous savez combien cette ressource est hypothétique & illusoire.

§. X.

FIGURE DE LA TERRE.

Des forces centrifiques provenant de sa rotation, ont applati ses pôles de trois lieues un quart & relevé son équateur de six lieues & demie : les autres planètes, tous les satellites, le Soleil, ont leurs équateurs plus ou moins relevés aux dépens de leurs pôles (***).

Cette hypothèse est démentie par tous les faits qui peuvent la contredire ; car, 1°. le mou-

---

(*) Voyez ci-après livre 2, chap. 13.

(**) Le quatriéme satellite de *Jupiter*, décrit une aire quintuple de l'orbite de *la Lune* en 400 heures seulement ; autre disproportionnalité du temps & des espaces parcourus.

(***) *Newton*, *Maupertuis*, *Lalande*, Encyclopédie.

vement de rotation de la *Terre* n'eſt point l'effet d'une projection quelconque , puiſque le fil à plomb n'eſt point par-tout perpendiculaire à l'axe de la *Terre* ; ce qui réſulteroit inconteſtablement de forces centrifuges qui auroient relevé ſon équateur de ſix lieues & demie , & applati ſes pôles. Tous les raiſonnemens du monde ne détruiront jamais cette forte objection contre le ſyſtème de *Newton* ; cet effet étant ſur‑tout calculé ſur ſa rotation actuelle (*).

M. *de Buffon* porte encore plus loin que le Philoſophe Anglois , le réſultat des forces centrifuges provenant de la rotation de la *Terre* , telle que nous l'éprouvons aujourd'hui. Il prétend *qu'elles ont fait déchirer une partie de la planète & rejeté loin de nous notre Satellite.* Mais comment reſte‑t‑il un projectile libre à la ſurface de *la Terre ?* comment les mers nous reſtent‑elles encore ? &c.

2°. *Aucun Aſtronome n'a jamais pu remarquer les pôles du* Soleil, *ou de* la Lune, *ni voir le moindre applatiſſement ſur toute la circonférence de ces deux aſtres qui nous préſentent conſtamment leurs diſques parfaitement ronds.* 3°. Le célèbre *Caſſini* a vu pluſieurs fois le diſque de Jupiter ſous une

---

forme parfaitement ronde. Il est donc évident que l'hypothèse ici a prononcé contre le témoignage des yeux, tandis qu'ailleurs il sert à démontrer, peut-être contre toute analogie, que *Mercure, Vénus & Mars* n'ont point de Satellites. 4°. Enfin, *lorsqu'une étoile disparoît pour un temps dans le ciel,* les Newtoniens disent que *c'est l'applatissement de ses pôles qui nous efface sa vue, chaque fois que ce soleil étranger agité de grandes forces centrifuges, nous présente le tranchant de son disque équatorial* (*). Or, ne peut-on pas répondre à ces Physiciens, qu'il est impossible de concevoir qu'un globe puisse tourner alternativement sur deux axes, l'un pôlaire, & l'autre équatorial ; & que ce double mouvement contraste trop avec tous les mouvemens comparés de notre système planétaire, pour que l'on puisse admettre une pareille hypothèse.

Les Newtoniens sont tombés en erreur en établissant l'hypothèse de l'applatissement des pôles de *la Terre,* par les termes de comparaison qu'ils ont employés pour tirer cette induction, que nous allons trouver en contradiction avec leur propre système.

Ils ont observé que les vibrations du pendule ralentissoient à Cayenne, & accéléroient à Torno

____

(*) *Maupertuis, Buffon, Lemonier,* Encyclop.

en Laponie ; & ils en ont conclu, qu'*il étoit plus attiré vers les pôles, comme plus près du centre de la* Terre, *que sur l'équateur, où il en est plus éloigné* (*).

Or, cette conséquence pêche contre leurs propres principes, puisque 1°. ils établissent que *l'attraction agit en raison des masses*, d'où il suit que cette puissance devroit s'exercer sur l'équateur, avec une sorte d'excès contraire à ce qui s'y passe ; étant supposé relevé, d'un tropique à l'autre, par une zone épaisse de six lieues & demie *& puisqu'ils prétendent avoir eu la preuve de l'attraction d'une montagne d'une lieue de hauteur, laquelle faisoit dévier le fil à plomb de la ligne perpendiculaire* (**). 2°. C'est qu'ils prennent le mot *centre* pour la cause attractive même, tandis que la masse doit attirer seule, & le centre n'être que le point de direction de la tendance des corps. 3°. C'est que leurs termes de comparaison sont absolument illusoires, puisqu'en comparant les variations d'un même pendule observé dans un même lieu, & sous un même climat, en différens temps, il offrira constamment les mêmes vicissitudes d'accélération pendant l'hiver, & de ralentissement pendant l'été. 4°. Enfin, c'est qu'à

____

(*) *Lalande*, Encyclop. Voyez ci-après livre 3, chap. 2.
(**) Encyclopédie, art. *Attraction des Montagnes.*

B

l'infpection feule d'une carte géographique , vous verrez que la partie de l'Amérique , qui eft fous la zone torride , où l'on a été vérifier , par des mefures illufoires, l'élévation de l'équateur (*), eft

(*) Il eft inconteftable qu'on ne peut affeoir une opinion bien certaine fur la différence des degrés méridionaux & des degrés feptentrionaux de la Terre , parce que les mefures des plus grands Géomètres ont tellement varié là - deffus, qu'on ne fait fi c'eft au midi ou au nord qu'ils font plus petits ou plus grands. Il paroît cependant qu'on s'accorde plus généralement à dire que les degrés font plus grands au nord qu'au midi.

Cette différence a fait imaginer deux hypothéfes également fauffes pour en rendre raifon. Quelques Phyficiens ont prétendu s'affurer par-là , que les pôles de la Terre étoient allongés. Cette induction étoit très-exacte ; fi cette différence tenoit effectivement à la figure de la Terre , parce qu'ils imaginoient des verticales prolongées jufqu'au centre de la Terre , & que formant entre elles des angles égaux , les arcs qui mefuroient ces angles fur notre horifon , fe trouvoient les plus grands , puifqu'ils étoient plus éloignés de ce même centre.

Mais d'après une expérience de M. *Richer* concernant l'accourciffement du pendule à Cayenne , *Huygens* & *Newton* ont prétendu que les pôles étoient applatis & l'équateur relevé.

Si l'expérience eût démontré le fait , on auroit prononcé par la méthode précédente , que les degrés du méridien étoient plus grands au midi qu'au nord. Mais point du tout , les Newtoniens ont mieux aimé fauff r le raifonnement & dire ; en effet fi les pôles font applatis , c'eft parce que les degrés du méridien y font plus grands , & fi l'équateur eft relevé , c'eft que les mêmes arcs du méridien y font plus petits ; car , ajoutent-ils , des verticales qui partirent de points également diftans les uns des autres de notre horifon , fe réunirons plus vîte au deffous de la

précifément la partie la plus baffe , & l'égout , fi j'ofe le dire , de cette portion du continent du nouveau monde , puifque le grand fleuve des Amazones , qui a un cours de plus de douze cents lieues , à-peu-près paralléle à la ligne équatoriale , reçoit dans fon fein des rivières venant des deux tropiques, de quelques cents lieues de longueur ; & que l'Afie offre de même plufieurs grands fleuves dans fa partie méridionale , qui vont d'en deçà notre tropique vers la ligne, &c.

---

furface de la Terre & plus en deçà du centre, au deffous de la partie la plus courbée du méridien , qu'au deffous de fa partie la moins courbée qui eft aux pôles. Donc les arcs du méridien font plus petits à l'équateur qu'au nord.

Or il eft évident qu'ils fuppofent un point de concours imaginaire à ces verticales & qu'ils tombent dans un cercle vicieux ou une pétition de principe ; car , c'eft comme fi ces Phyficiens difoient, les degrés méridionaux font plus petits , parce que le point de concours des verticales n'atteint point le centre de la planète ; ou que le point de concours des verticales étant en deçà du centre de la Terre , les degrés méridionaux font plus petits. Cette folution eft même effentiellement vicieufe, 1°. parce qu'elle pofe fur une fuppofition , & qu'il n'en faut pas pour un pareil fait qui devroit être du reffort des yeux ; 2°. c'eft qu'il eft impoffible de démontrer fenfiblement qu'une verticale n'eft point dirigée exactement vers le centre de la Terre. 3°. Enfin, c'eft que des lignes qui partent à diftances égales de plufieurs points d'un méridien , forment à leur point de concours un angle d'autant plus grand, qu'elles fe réuniffent plutôt , &c. &c. &c.

§. XI.

DE QUELQUES INÉGALITÉS DE LA LUNE.

Ce Satellite accélère son mouvement en allant de sa dernière quadrature jusqu'à ce qu'il est en conjonction avec le Soleil ; & d'ici il avance par une marche ralentie vers la première quadrature. (*)

Si vous isolez ce fait des inégalités de *la Lune*, les Newtoniens vous en rendront raison avec une espèce de triomphe ; car il est évident, disent ces Physiciens, que *ce satellite, subjugué par l'attraction du Soleil, s'avance précipitamment vers lui & ne peut s'en écarter qu'avec lenteur.*

Mais le contraire arrive lorsque la Lune parcourt l'autre moitié de son orbite. *Elle va en s'éloignant toujours plus du Soleil, de sa première quadrature vers le point où elle sera en opposition avec cet astre ; & cependant sa marche s'accélère continuellement ; ensuite elle va moins vîte en s'avançant vers le Soleil, pour arriver à sa dernière quadrature.*

Or, à moins de faire servir l'attraction à expliquer les faits contraires, il faut que les Newtoniens se taisent sur ce double phénomène de la seconde portion de l'orbite de la Lune, qui est l'inverse de

(*) Encyclopédie, *Lalande.*

ce qui ſe paſſe lorſqu'elle décrit la portion de ſon orbite où elle ſe met entre la Terre & le Soleil. Auſſi la ſolution de ce phénomène eſt-elle omiſe dans le ſyſtême de l'attraction, comme un fait qui lui eſt étranger & qui implique la contradiction la plus manifeſte.

La Lune s'éloigne un peu de la Terre dans ſes ſizigies....

Les Newtoniens réſolvent ce phénomène en diſant : *que ce ſatellite, lorſqu'il eſt en conjonction, eſt plus attiré par le Soleil, que la Terre ; & que dès-lors il doit s'écarter de ſa planète.* Mais ſi vous joignez l'attraction de la maſſe de la planète à celle du Soleil, lorſque le ſatellite ſe trouvera en oppoſition, vous croirez en vain qu'il va ſe rapprocher conſidérablement de la Terre ; parce que la Terre étant dans ce cas-ci *plus attirée que ſon ſatellite ;* (malgré ſa maſſe interpoſée entre lui & le Soleil) *il reſtera en arrière ſans pouvoir obéir à l'attraction du Soleil,* qui l'avoit dérangé en premier lieu, & qui eſt renforcée de toute celle de la Terre. Voilà la phyſique de nos jours (*).

____

(*) Il y a peu de raiſonnemens plus inconſéquens que celui-là. Quoi ! la Terre eſt moins attirée lorſque ſon ſatellite ſe met entre elle & le Soleil, quoiqu'il joigne ſon attraction à celle de

Cependant l'analogie ne dit-elle pas que les quatre satellites de Jupiter, ou les cinq satellites de Saturne, s'écartant, de même que le nôtre, dans leurs sizigies, & devant nécessairement offrir le phénomène fréquent d'un satellite en conjonction, tandis qu'un autre est en même temps en opposition, & tous deux pareillement écartés de leur planète, il est impossible que la solution précédente s'adapte à ces phénomènes comparés?

La Lune, toutes choses d'ailleurs égales, achève un peu plus vîte sa révolution lorsque la Terre est aphélie, que lorsque la planète est perihélie....

Les Newtoniens ont expliqué le ralentissement de la marche de la Lune lorsque la Terre est périhélie, & son accroissement de vîtesse lorsque la Terre est aphélie, en disant, que dans le premier cas, *la planète étant plus près du Soleil ; cet astre attire d'avantage la Lune & lui fait egrandir son orbite ; que dans la seconde circonstance, la planète étant plus éloignée du Soleil, cet astre*

cet astre en ligne parallèle, & vous voulez ensuite que la Terre sans changer de place, se trouve plus attirée par le Soleil, parce que son satellite a passé derrière elle ? O Newtoniens ! de bonne foi, vous entendez-vous ? & voulez-vous qu'on vous entende ? Voyez ci-après liv. 1, chap. 5.

attire moins la Lune & lui laisse rétrécir son orbite qu'elle décrit pour lors un peu plus vîte (*).

Or, cette explication contredit les faits & les analogies; car de même que la Lune se rapproche de la Terre, lorsque dans ses quadratures elle va plus doucement, & de même encore qu'elle va plus vîte lorsque dans ses sizigies elle s'éloigne de nous ; de même aussi son orbite devroit être moindre lorsque la planète est périhélie & plus grande lorsque la planète est aphélie , &c. (**).

§. XII.
DE L'ORBITE ELLIPTIQUE
DES PLANÈTES.

L'attraction, selon les Newtoniens , suivroit les mêmes termes (***), si les planètes décrivoient des cercles : elles décrivent des ellipses sans aucune cause physique ; comme on ne connoît aucune liaison immédiate entre leur mouvement de rotation sur elles-mêmes & celui de leur circonvolution autour du Soleil. Enfin , on ne voit qu'une raison morale de l'inclinaison de l'axe de la Terre sur son orbite , &c....

(*) Encyclopédie & *Lalande.*
(**) Voyez ci-après liv. 2. chap. 9
(***) Astronomie de *Lalande* & Encyclopédie.

Eh quoi ! nous nous vantons d'avoir un système de Physique , & je suis réduit à ignorer pour quoi la Terre décrit une ellipse & non pas un cercle autour du Soleil (*). Je dois ignorer la cause qui l'agite d'un mouvement de circonvolution & d'un mouvement de rotation , sans chercher à me rendre raison de l'un par l'autre de ces mouvemens (**). La Terre tourne autour du Soleil en changeant continuellement de face vis-à-vis de cet astre ; la Lune tourne autour de nous sans jamais changer de face , & je ne dois pas interroger la physique sur deux phénomènes si différens & si saillans (***) ! Je dois croire que ces deux corps une fois mus , se mouvront toujours de même , sans que je puisse arrêter ma pensée sur leur cause motrice quelconque , ou même soupçonner que l'attraction qui est une force constamment agissante , soutenue & perpétuée à chaque instant par la présence des

(*) Voyez ci-après livre 2 , chap. 7.

M. *Lalande* a cru rendre à-peu-près raison de ce phénomène, en disant qu'on pouvoit supposer une impulsion en raison inverse de la distance. Mais conçoit-on mieux cette hypothèse d'une force magique, qui d'elle-même se fortifie & se ralentit tour-à-tour ? avons-nous en mécanique quelque chose qui ressemble à cela ?

(**) Voyez ci-après livre 2 , chap. 2 & 13.

(***) *Ibid.* chap. 3 & 19.

corps dans le ciel (*) , puisse altérer les mouvemens par le laps de temps ! si les équinoxes ont
un mouvement rérrograde , je dois croire aveu-
glément que c'est un effet d'une difformité ellipsoïde du globe (**) ; enfin je dois ignorer la
cause physique de la position de son axe (***).
Non, j'ose le croire , cette physique ne sera
point celle de nos neveux.

§. XIII.

DE L'ASPECT DU SOLEIL RELATIVEMENT AUX DIFFÉRENTES PLANÈTES.

La lumière , selon les Newtoniens, *est un être
de raison ou une chose accidentelle. Le soleil ne
luit que pour nous : ce n'est qu'une grosse étoile pour
Saturne* (****).

Qu'il me suffise de demander ici, s'il est con-
cevable que nous verrions jamais la planète de

(*) *Ibid.* chap. 13.

(**) *Ibid.* chap. 14.

(***) *Ibid.* chap. 6.

(****) *Newton doute que la lumière soit un corps.* Maupertuis
*pense que ce sont des queues de Comètes dérobées à ces globes par
l'attraction du Soleil.* Buffon *prétend que cet astre ne s'est incendié
que par le travail , la friction intérieure que lui a fait éprouver
l'attraction de quatre ou cinq cents Comètes.* Voyez aussi Encyclop.
art. *Saturne.*

Saturne & ses satellites, si ces globes n'étoient éclairés que par la lueur d'une étoile ? Aurions-nous apperçu depuis la planète de *Herschel*, qui est encore éloignée de Saturne de huit fois la distance de la Terre ; & pour qui le Soleil ne seroit, d'après le calcul imaginaire de ces Physiciens, qu'une très-petite étoile (*) ?

§. XIV.
Du Flux et Reflux de la Mer.

Les Newtoniens prétendent que *la Mer, entre les tropiques, devroit s'élever de huit pieds* ; mais comme le fait dément le calcul des attractions combinées de la Lune & du Soleil , & qu'*effectivement les eaux de l'Ocean ne s'elevent que de trois pieds sur toute la zone torride, ces Physiciens en rejetent la cause sur la densité du fond de la Mer* (**).

(*) Voyez Encyclopédie , à l'article de *Saturne* , & ci-apres, livre I. chap. I. *Herschel* vient de découvrir tout récemment deux Satellites au tour de la planète qui porte son nom. Est-il croyable que la lueur d'une étoile puisse jeter assez de lumière à cinq cents quarante millions de lieues environ , sur d'aussi petites surfaces que celles de ces Satellites, pour nous les faire appercevoir ?

(**) Encyclopédie & Astronomie de *Lalande*, art. *Flux & Reflux*.

C'eſt, comme on voit, expliquer un fait qui n'eſt pas, au lieu d'expliquer celui qui exiſte ; & vous remarquerez que cette denſité qui ne ſe fait point ſentir ſur le pendule à Cayenne, eſt invoquée ici pour un phénomène qui contredit le calcul de l'attraction, ſur toute la zone équatoriale.

Le flux & reflux de la Méditéranée eſt démontré devoir être nul, par tous les calculs de l'attraction (*).

Cependant cette aſſertion eſt encore démentie par le fait, puiſque *la Méditéranée s'élève & s'abaiſſe de deux pieds huit pouces deux fois par jour ; mais c'eſt à cauſe de quelques vents du ſudoueſt*, diſent les Newtoniens. Or les vents du ſudoueſt ne ſont ni réguliers ni quotidiens comme le flux & reflux de la Méditéranée ; & ſuppoſez qu'ils le ſoient, expliquez-nous comment ils font gonfler les eaux de cette mer (**) ?

Le grand Océan dans ſon flux & reflux s'élève inſtantanément au Zénith & au Nadir d'un méridien. D'un côté, par l'attraction de l'aſtre qui domine ſur l'horiſon, diſent les Newtoniens, *& du côté oppoſé*

(*) Aſtronomie de *Lalande*, Supplément, & Encyclop.

(**) Les Newtoniens reconnoiſſent ce fait puiſqu'ils 'expliquent. Quel cas doivent-ils faire de leurs calculs ? Voyez ci-après livre 3, chap. 1, & le Supplément de l'Aſtronomie de *Lalande*.

par une non-attraction. Il se déprime aussi instanta-
nément au Zénith & au Nadir du méridien qui
coupe le premier à angles droits, parce que ces eaux
latérales, ajoutent ces mêmes Physiciens, *manquent*
d'appui.

C'est cette solution bizarre & absolument absurde, qui a fait dire à M. d'*Alembert*, qu'il falloit
tâcher de résoudre ce double phénomène du flux &
reflux, en se servant du mot *Attraction*, en attendant que la cause soit mieux connue (*).

Au reste, ne demandez pas à un Newtonien
quel peut être le but de la nature dans ce double
phénomène d'élévation & de dépression intermittentes des mers; car il n'en connoît d'autre
raison qu'une force attractive qui les soulève &
les laisse retomber tour à tour pour manifester
l'effet inutile d'une cause aveugle.

§. XV.

Du grand Principe des Newtoniens.

Il n'y a point d'impulsion soutenue dans les cieux
pour perpétuer les mouvemens qui s'y exécutent. Les
sphères célestes nagent dans le vide sous l'empire
d'une attraction qui agit en raison des masses, &

(*) Encyclopédie, articles *Attraction*, *Flux & Reflux* & *Tour-*
billons.

inverſe des carrés des diſtances. Sa cauſe ne doit point être recherchée, ne peut être comparée ni connue. *Newton* répéte pluſieurs fois dans ſes principes mathématiques, *qu'il ne ſait s'il parle d'une impulſion ou d'une attraction; mais qu'il ne peut en indiquer aucune cauſe phyſique.* M. d'*Alembert* penſe que, *quant au mot* d'attraction *on peut employer ce terme juſqu'à ce que la cauſe des phénomènes de la nature ſoit mieux connue.* Enfin, *demander pour quoi les corps s'attirent*, c'eſt, dit M. de *Buſſon*, *demander avec l'inadvertance d'un enfant, pourquoi le rouge eſt rouge, parce que cette propriété des corps n'eſt comparable à aucun principe phyſique* (*).

Voilà donc un mot abſolument vide de ſens; une vraie qualité occulte qui fait la baſe de la phyſique de nos jours!

§. XVI.

EXEMPLE DE SOLUTIONS DE PROBLÉMES PAR L'ATTRACTION *NEWTONIENNE*.

Voici comme M. de *Lalande* explique l'ascenſion des liqueurs dans les tubes capillaires.

» L'Attraction du tube capillaire qui a plus de

____

(*) Voyez livre I, chap. I & 4 de cet Ouvrage.

» denfité que l'eau, en foulève les parties placées
» au deſſous du rube, & celles qui ſont à l'entrée
» du tube, la colonne d'eau renfermée dans le
» tube conſidérée au niveau de l'eau du vaſe eſt
» attirée encore de bas en haut par la partie
» extérieure du tube, parce que ſa parrie infé-
» rieure occupe la place d'une certaine quantité
» d'eau qui attiroit déja cette colonne de haut
» en bas, & qu'elle ne détruit pas l'attraction
» de la partie ſupérieure, enſorte qu'il y a trois
» cauſes évidentes de l'aſcenſion des fluides dans
» les tubes capillaires ».

Reliſez ces mots & peſez l'évidence (*).

M. d'*Alembert* dans l'Encyclopédie explique
l'attraction électrique en ces termes:

» Si un corps envoie hors de lui-même une
» grande quantité de corpuſcules dont l'attrac-
» tion ſoit très-forte, ces corpuſcules lorſqu'ils
» approchent d'un corps fort léger, ſurmonte-
» ront par leur attraction, la peſanteur de ce
» corps, & l'attireront à eux; & comme les
» corpuſcules ſont en plus grande abondance à des
» petites diſtances du corps qu'à de plus grandes,
» le corps léger ſera continuellement tiré vers
» l'endroit où l'émanation eſt la plus denſe;
» juſqu'à ce qu'enfin il vienne s'attacher au corps

(*) Voyez ci-aprés. livre 3, chap. 2.

» même d'où les émanations partent. Ce qui
» explique plusieurs phénomènes de l'électricité».

Des corpuscules qui jaillissent contre la surface
des corps pour les attirer, sont d'une invention
très-moderne. Ce n'est pas *Newton* qui s'est expliqué ainsi (*).

§. XVII.

NOUVEAUX PRINCIPES DE PHYSIQUE AJOUTÉS A CEUX DE NEWTON.

*Les Comètes, selon M. de Buffon, ont incendié
le Soleil* (**); *une d'entre elles a déchiré cet astre &
en a détaché les mondes, auxquels elle a imprimé
tous les mouvemens qu'ils exécutent & qui se per-
pétuent dans le ciel par un seul choc. Les mêmes
forces centrifuges qui ont applati les pôles des planètes & relevé leurs équateurs, ont aussi rejeté la
matière qui a formé leurs Satellites*; ou bien selon
M. *de Maupertuis, ces Satellites sont des Comètes
sans queue, que l'attraction des planètes a arrêtées
au passage*; comme aussi *Saturne a bien pu déro-
ber quelques queues de Comètes pour former son
anneau*; ou plutôt, dit M. *de Buffon*, *cette zone de*

<hr>

(*) Voyez *ibid.*
(**) Voyez ci-après, livre 2, chap. 5.

Saturne est l'effet des forces centrifuges de sa ro-
tation(*).

Que les esprits justes jugent maintenant si nous
avons ce système qui doit offrir, avec une suite
de principes uniformes, une seule & grande
vériré dans la solution de tous les problêmes de
la physique céleste & terrestre.

§. XVIII.

Enfin, il ne faut pas croire que *Newton* a
démontré l'attraction par le calcul ; puisqu'il a
non-seulement multiplié les hypothéses à l'infini
pour sauver les contradictions qu'il rencontroit
à chaque pas; mais encore, contredit les faits &
omis la solution de plusieurs phénomènes essentiels, comme nous venons de le voir dans cette
analyse.

Le calcul, sans doute, présente toujours des
conséquences rigoureuses des premiers termes
posés, quels qu'ils soient ; mais ces conséquences
peuvent être essentiellement fausses, ou même

(*) Cette derniére hypothése est essentiellement absurde ; car
il faudroit supposer pour que cela fût, que nous eussions l'axe
de rotation de cette planète parallèle à notre rayon visuel, &
que son pôle fût éclairé par le Soleil.

étrangères à la marche de la nature, lorſque l'imaginarion ſeule crée les termes que l'on veut comparer, & que la nature n'a point mis en rapport.

Lorſqu'un Newtonien prouve par le calcul, que le grand Océan doit s'élever de huit pieds entre les tropiques, tandis que ſon élévation n'eſt conſtamment que de trois pieds ; lorſqu'il ſoutient que la Méditéranée ne peut avoir de flux & reflux, quoiqu'elle en éprouve un très-régulier ; quand il prétend que le pendule a des vibrations plus lentes à l'équateur qu'aux pôles, parce que les pôles ſont applatis & l'équateur relevé, tandis que le même pendule obſervé dans un même lieu & ſous un même climat, en différens temps, offre les mêmes variations du jour à la nuit, ou de l'été à l'hiver ; lorſqu'il affirme que l'attraction agit en raiſon inverſe du carré de la diſtance, quoique la Lune réſiſte conſtamment à cette loi ; enfin, quand il déduit les différentes denſités des planètes, en comparant le premier Satellite de Jupiter & le premier Satellite de Saturne avec la Lune, tandis que celle de la Lune lui eſt invinciblement inconnue, &c. &c.... Ce Phyſicien ne fait autre choſe qu'abuſer du calcul : &

C

loin de se constater la vérité de l'attraction Newtonienne, chacun de ses résultats lui en démontre
la fausseté.

Tout doit donc le porter au doute & à sus-
pecter son système. Encore une objection, & je
finis.

§. X I X.

Si vous pesez bien ce que veut dire le mot
Attraction, vous verrez, sans doute, qu'il ne vous
donne d'autre idée que celle d'une force qui
tend à la cohésion, à fixer les mouvemens & à
rappeler les corps célestes vers leur foyer d'attraction.

Comment concevrez-vous donc que ce foyer
d'attraction soit un foyer de mouvement ? Rien
implique-t-il plus contradiction que de calculer
des mouvemens d'après une force qui mène à
l'inertie ?

Aussi *Newton* a-t-il douté le premier de ce
principe, & avoué, après avoir long-temps pesé
son système, *qu'il ne savoit pas s'il parloit d'une
impulsion ou d'une attraction.*

M. d'*Alembert*, dans l'Encyclopédie, parle
du système de *Newton*, comme d'*un système trop
compliqué, qui souvent implique contradiction*

dans la solution des phénomènes contraires qu'on est réduit à expliquer par l'attraction seule, ou par le moyen d'une nouvelle hypothèse.

M. *Clairaut* trouvoit tout ce système défectueux, *parce qu'il étoit contredit par le globe qui nous avoisine le plus, & qu'il regardoit comme devant en fournir la première preuve sensible.*

M de *Buffon* pense que *l'impulsion entre au moins pour moitié dans les phénomènes du ciel, &* manque dans le système de *Newton.*

Enfin, l'hypothèse des différentes densités des planètes a déplu constamment au plus grand nombre des Physiciens, à ceux qui ont répugné à prononcer sur les densités des planètes avant de pouvoir prononcer sur celle de la Lune, & à ne voir sous l'image des plus grosses planètes, que l'indice postiche, si j'ose m'exprimer de la sorte (*), d'une quantité de masse qu'elles n'ont pas, en comparaison des plus petites.

Voilà de bonnes autorités, indépendamment

(*) Voyez ci-après liv. 1. chap. 9, au quel je renvoie la critique de cet objet.

On pourroit, sans doute, faire encore beaucoup d'autres objections contre ce système des Newtoniens; mais je m'arrête précisément parce qu'il s'en présente trop, & qu'il seroit trop long de tout dire. J'en insinuerai peut-être encore quelquesunes en notes dans le cours de mon ouvrage; mais le plus souvent, pour ne pas me répéter, je renverrai à cette critique.

de nos objections, qui permettent de douter du trop fameux fystème de *Newton*. Concluons.

§. X X.

Le fystème de *Newton* ne peut donc plus fub-fifter tel qu'il eft. Il faut que la *Phyfique attrac-tionnaire* éprouve une révolution prefque totale. Je ne puis me flatter de l'occafionner ; mais j'aurai rempli mon objet , fi , après avoir fait naître des doutes fur cette phyfique fi aride, fi incomplette , je puis , par ma nouvelle façon de voir le fyftème du monde, fournir matière à quelque chef-d'œuvre de philofophie , où le génie & le talent com-pléteront ce que mes foibles lumières ne m'ont permis que d'ébaucher.

MÉCANISME

DE LA

NATURE.

LIVRE PREMIER.

DES FORCES DU FEU.

CHAPITRE PREMIER.

Le FEU, *Principe d'Impulsion & d'Attraction.*

PARTOUT où le FEU réside, il y a toujours aspiration d'air, consommation ou atténuation, & expiration ou souffle au dehors.

Le FEU aspire vivement l'air pour s'alimenter ; & plus son foyer est considérable, plus son action

Action du Feu.

C 3

se porte au loin. Il atténue fortement tout l'air dont il se saisit pour le restituer en partie, l'exhaler & le pousser au dehors, après l'avoir embrasé & lui avoir donné la plus grande élasticité.

Le Feu est donc doué d'une force attractive & d'une force impulsive constantes, puisqu'il aspire & exhale sans cesse par sa raréfaction toujours soutenue.

Le Feu est donc un grand mobile, un mobile parfait; & en cette qualité, il doit être l'unique agent de tout le mécanisme de la nature.

Avant que de développer ce grand principe qui va faire la base de notre physique céleste & terrestre, nous allons démontrer, par plusieurs analogies, que la terre a un *feu central* qui s'entretient par la circulation de l'air.

CHAPITRE II.

La Terre a un FEU CENTRAL *entretenu par
la circulation de l'air.*

QUATRE analogies vont prouver cette grande
vérité. (*)

Le P. *Della Torre* me fournit la première. Ce
Physicien dit dans son *Histoire des phénomènes des
éruptions du Vésuve* (**), que si l'on fait un trou
de quelques pieds de profondeur dans une lave
de pierre fondue très-épaisse, qui paroît éteinte
depuis plusieurs années qu'elle a coulé du Vésuve,
& qu'on y enfonce un bâton, on lui voit prendre
feu dans l'instant.

Voilà donc une chaleur embrasée, maintenue

Chaleur
des laves
long-temps
brûlantes.

(*) Voyez dans l'Encyclopédie, art. *Feu central*, dans lequel
il est dit que *Borelli* a démontré, contre l'opinion de beaucoup
de Physiciens, que la Terre ne pouvoit avoir un *Feu central.*
Sans doute ce Physicien a prétendu parler d'un feu avec flamme.
Pour nous, nous parlons ici du *Feu central* comme d'une
chaleur considérable qui se manifeste par les plus grands effets;
ce que nous allons démontrer, en développant les phénomènes
de la Physique céleste & terrestre, dans tout le cours de cet
Ouvrage.

(**) Voyez ci-après livre 4, la dernière note du chap. 2.

C 4

pendant un certain laps de temps fous une croute
fuperficielle qui eft refroidie , & qui laiffe cependant ce feu violent s'alimenter & fubfifter dans
fon intérieur ; c'eft-à-dire , afpirer & exhaler à
travers fes pores , tout l'air qui peut le vivifier
& l'entretenir.

Les feux
des volcans
font entretenus par
la chaleur
de la Terre.

La feconde analogie eft prife de l'exiftence
actuelle de quantité de volcans, dont le nombre
a été beaucoup plus grand autrefois ; puifqu'il y
a très-peu d'efpaces fur les continens ou dans les
îles, qui n'en offrent des veftiges plus ou moins
récens (*).

Or, nous ne pouvons les regarder que comme
les foupiraux d'une chaleur embrafée , concentrée
dans l'intérieur du globe, laquelle fait bourfouf-
fler & créver de diftance en diftance fon enveloppe, pour exhaler ces feux effroyables qui dé-
folent fouvent la furface de la planète ; activité
que ce feu central n'auroit point, s'il n'afpiroit
puiffamment tout l'air qui peut l'alimenter , &
s'il n'atténuoit & ne repouffoit au dehors tout
ce qui s'eft offert à fa dévorante afpiration. Je
puis encore citer la chaleur que les Mineurs
éprouvent dans les fouilles de la terre , fur-tout

(*) Voyez livre 4 , chap. 7.

à 4 ou 500 pieds de profondeur ; parce qu'elle est l'indice sûr d'une chaleur bien plus violente à de plus grandes profondeurs.

La troisième analogie nous est indiquée par la circulation facile de l'air dans toute la matière. Il circule incontestablement dans l'eau, puisqu'il porte la vie à l'animal qui nage au fond des abîmes de l'océan ; & il circule encore bien plus librement dans la terre, puisque les éruptions des volcans, qui sont nécessairement le produit d'un air trop dilaté & trop concentré dans les entrailles de la terre, n'ont plus lieu, dès que la base de ces montagnes de feu n'est plus resserrée par l'attouchement froid des eaux de la mer, & dès que cette base sèche offre de toutes parts une voie libre à l'expansion fugitive des feux souterrains.

De plus, la Chimie nous a démontré que l'air est intimement combiné avec tous les corps. Or l'air, ainsi combiné, ne peut être que l'ouvrage de la chaleur qui l'a aspiré & atténué ; & il ne peut qu'en résulter une porosité constante dans les masses solides les plus volumineuses ou les plus denses ; porosité qui donne à l'air le moyen de circuler dans toute la capacité des océans & de la terre (*).

Ainsi l'air, l'aliment néceffaire du feu, pénètre dans toute la planète, y eft attiré, puis atténué, & enfin repouffé au dehors; & fa chaleur eentrale s'alimente, fe maintient & fe perpétue par l'air qui la pénètre entièrement & conftamment.

Le Soleil a toute fa maffe en feu.

Enfin la quatrième & plus forte analogie que l'efprit humain, aidé du fimple fecours des yeux, puiffe faifir, c'eft l'embrafement du foleil, dont la maffe énorme eft néceffairement dans une ignition totale & dans une efpèce de liquéfaction, du centre à la circonférence; puifque fa flamme, ou fa lumière, qui fe produit avec tant d'éclat au dehors, embraffe la nature entière & fert de flambeau à toutes les planètes qui habitent fon empire.

La terre peut donc avoir une chaleur centrale très-confidérable, qui doit s'alimenter comme celle du foleil dans toute l'étendue de fa maffe, par une afpiration, une atténuation & un fouffle foutenus : & fi l'atmofphère de feu qui doit émaner

______

(*) Voyez Encyclopédie, art. *Porofité*, où il eft dit que l'or, une des matières les plus denfes, a plufieurs mille fois plus de pores que de matière, fous un volume égal.

à la surface de la planète, ne se manifeste pas à
nos yeux, c'est que sa flamme est obscurcie par
les vapeurs humides dont elle est accompagnée à
sa sortie du globe; c'est que nous y participons
trop immédiatement, puisqu'elle est le principe
vital de tous les êtres animés sur la terre, & qu'il
n'y a que les plus grandes analogies comparées qui
puissent nous démontrer ce fait, comme elles ont
servi à constater la rotation de la terre qui nous
entraîne dans sa course, sans que nous puissions
le soupçonner. C'est ainsi que l'air, intimement
lié à notre constitution organique, est insensible
au toucher & invisible à nos yeux.

Toutes les sphères célestes, le soleil, & les étoiles,
qui sont autant de soleils, les planètes & les satellites, contiennent donc du Feu; & cet agent
subsistant par-tout, est le mobile du mécanisme
de la nature.

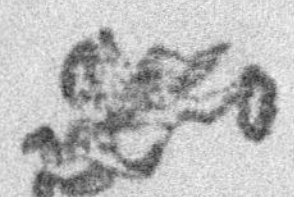

CHAPITRE III.

Unité d'Elément. La matière est un F E u concret.

EN VAIN avons-nous imaginé différens élémens
dans la nature ; il paroît trop bien prouvé que
toutes les matières terrestres se réduisent ulté-
rieurement en verre par un feu très-ardent, après
avoir restitué l'air & l'humide avec lesquels elles
sont toujours combinées ; que le verre le plus pur
& dense comme le diamant, s'enflamme & se
dissipe au feu ; que l'eau devient air ; que l'air est
inflammable, & que le feu est une atténuation
de la matière concrète par frottement & par
division (*).

______

(*) La volatilisation du diamant a fait penser aux Chimistes que
cette pierre étoit une concrétion de la lumière ou du feu pur.
Toutes les matières sont vitrifiables, & pourroient, sans doute,
se volatiliser de même ; mais deux raisons peuvent faire man-
quer cette expérience. La première, c'est que notre climat est
peut-être trop froid ; & il ne faut pas nier que le climat n'influe sur les opérations de la Chimie, puisqu'il est constant qu'à
Petersbourg & à Stockolm, on fixe le Mercure au point de le
rendre malléable, tandis qu'en Angleterre, en France, en Alle-
magne, &c. nous ne parvenons point à le durcir de la sorte.
De même l'or & l'argent se volatilisent au foyer d'un miroir

Les sphères célestes que nous voyons s'attirer,
se repousser & s'agiter sans cesse ; cette petite

ardent, ce que n'opére pas le plus violent feu de réverbère.

2°. Il y a un air très-courant à la surface de la Terre , & c'est
peut-être à quelques cents pieds dans la terre que plusieurs de
nos expériences réussiroient, parce qu'on y seroit aidé d'un fond
de chaleur considérable que les vents ne dissiperoient pas.

Quoiqu'il en soit , il me semble que les Chimistes ne devroient
jamais tirer des conséquences générales de leurs foibles essais ,
parce que leurs moyens foibles ou fautifs , ne sont jamais ceux
de la nature. S'il est vrai que de nos jours ils ayent rendu l'eau
de la mer potable ; sera-ce cette même eau si saine , si salubre ,
que la chaleur de la terre fait *évaporer sans cesse* , & élabore par
le travail le plus facile, cette eau, dont les vapeurs toujours renou-
vellées, s'accumulent dans l'air, se condensent ensuite & forment
des nuages qui se résolvent en pluies , pour alimenter nos fleuves ,
les réservoirs de la Terre , & vivifier les plantes & les animaux ?

Voyez la convertibilité des élémens dans les deux discours de
M. de *Buffon* sur les minéraux ; & *Boyle* , qui n'a jamais pu *croire*
que l'air fût autre chose que l'évaporation constante des eaux
de la mer.

M. *Sage* a prouvé que les métaux & les minéraux sont en
partie des espèces de phosphores concrets. Mais qu'est-ce que
c'est que *Feu phosphorique* , *Phlogistique* , *Feu électrique* , *Fluide
magnétique minéral* , *Magnétisme animal ou végétal* ? si ce n'est toujours le *Feu* , l'unique élément de la nature , ce *Prothée* universel,
caché dans tous les corps , & dénommé par ses différentes manières d'être.

On a imaginé plusieurs élémens, comme on a multiplié nos
sens, qui ne sont toutefois, qu'un seul & même tact , dont
les différentes affections, ne sont qu'une subdivision d'une faculté
unique des nerfs , plus ou moins mobiles & délicats.

atmosphère que *Boyle* & *Newton* ont observée autour des corps même les plus durs, & qui décèle un souffle & une aspiration inhérens à la matiére; enfin quantité d'autres phénomènes que je ne puis point rappeler ici, mais que l'on pourra comparer dans le cours de cet ouvrage où ils trouveront leur place, exigent donc que nous croyions qu'il n'y a qu'un élément dans la nature, qu'un feu concrescible & divisible depuis le diamant jusqu'à la lumière; que toute la matière est un feu concret (*), & que, quelque nom que lui donnent les Physiciens ou les Chimistes, ce ne sont que ses différentes formes qu'ils dénomment. Son souffle & son aspiration toujours soutenus, d'où naît sa vertu impulsive & attractive, doivent démontrer d'une manière assez sensible, que cet élément unique & prodigieux, est concrescible & divisible, en même tems qu'il est l'agent de la nature.

(*) On saisira facilement ce raisonnement, si l'on veut se prêter à envisager toute la masse du Soleil comme un feu concret dont les planetes & toutes les matiéres qui tombent sous nos sens tirent leur origine, ainsi que nous le démontrerons bien tôt.

CHAPITRE IV.

Production du mobile des Cieux.

Pour me rendre en quelque sorte raison de ce phénomène d'une matière toujours en Feu & toujours en mouvement, je me transporte un instant en idée au moment de la création; & je vois que *Dieu a dit*, & que *tout a été fait*; ce qui semble indiquer que la matière se précipitant à ses ordres, apparut en Feu (*).

(*) Ce que je dis ici sur la *production du mobile des cieux*, & dans les trois chapitres suivans sur *la matière première des planètes, la formation des mondes, l'éruption des satellites & l'apparition soudaine de l'aride*, semble répondre avec quelque précision au texte sacré; mais on sent bien que ce ne sont que de pures conjectures philosophiques que je propose. Car, qui pourra jamais atteindre à la vérité de faits qui ont dépendu si immédiatement de la volonté de l'*Eternel*, & qui ont pu effectivement s'opérer de la sorte, s'il a voulu? Le Sage dit que *Dieu a livré le monde aux disputes des hommes*. (Eccl. ch. 3, ꝟ. 11). Ce qui semble imposer aux Philosophes de tous les âges & de tous les temps, la tâche d'exercer indifféremment leur curiosité & leurs recherches sur tous les objets intéressans de la physique céleste & terrestre: mais le même Auteur sacré ajoute: que *l'œuvre de Dieu nous sera toujours cachée.* (*Ibid.*); comme pour nous mieux faire sentir que nos recherches seront toujours vaines & nos disputes interminables;

Dès-lors il exista un *mobile* aussi puissant que beau, unique & simple, emblème de son Auteur, qui n'a pas plus multiplié ses moyens, que compliqué l'œuvre de la création.

Or, je conçois maintenant, que toute cette matière embrasée, fléchissant premièrement sous sa vive aspiration, se congloba, se réunit en une masse effroyable que l'esprit humain ne doit pas tenter de mesurer; mais que violemment agitée de ses feux trop accumulés, elle s'est brisée, qu'elle s'est divisée en cette quantité innombrable de globes de diverses grosseurs qui forment les étoiles du firmament; & que dès-lors la *lumière* devint, dans les mains de son Auteur, un sceptre brillant & un lévier puissant pour espacer ces masses de feu qu'il distribua dans les cieux, & pour balancer les mondes qu'il en alloit bientôt évoquer.

Aussitôt il y eut UN MOUVEMENT UNIVERSEL du centre à la circonférence de chaque système solaire, par la présence de feux lumineux répandus de toutes parts : il y eut UN MOUVEMENT PERPÉTUEL, par l'affluence de ces mêmes feux, toujours

quoi qu'elles ne soient point téméraires, ni offensantes pour la Religion.

soutenue

foutenue & conftante : il y eut UN MOBILE TRÈS-
VÉLOCE, par l'activité de cet agent d'où la nature
tire fes forces les plus vives : enfin il exifta UN
FOYER D'ATTRACTION de la circonférence au centre
de chaque fyftème folaire, par l'afpiration forte
du feu deftructeur & confommateur dont font
formées ces grandes maffes lumineufes qui brillent
fans ceffe dans les cieux.

CHAPITRE V.

Éruption de la matière première des planètes ; &
formation des mondes.

UNE Maffe de matière homogène & embrafée
s'élança bientôt des entrailles brûlantes du foleil,
par une éruption auffi foudaine & auffi facile que
celles de nos volcans, & par un ordre auffi puiffant
que celui qui venoit d'évoquer la matière & le
mouvement (*).

____

(*) Je dis *une maffe de matière homogène*, & je démontrerai
dans la fuite cette vérité (Livre 2, chap. 13), relativement à
tous les globes céleftes, par leurs mouvemens, leurs diftances
& leurs groffeurs comparées. En attendant, les phénomènes des
éruptions des volcans nous fourniffent une analogie fûre de ce

Le feu de cette énorme masse, subitement concentré par son passage brusque du foyer le plus ardent dans les déserts des cieux, lui a fait aussitôt éprouver l'explosion la plus vive qui l'a rompue & divisée en plusieurs morceaux. Ces fragmens, en s'écartant un peu plus un peu moins les uns des autres, par la cause même de leur disruption, qui leur a assigné leur plan respectif, ont suivi un même ensemble de mouvement de rotation & de circonvolution, dans la première direction quelconque de la masse totale ; ainsi qu'on voit ces feux artificiels que la poudre enflammée élève rapidement en l'air, faire briller à nos yeux le métal fondu, lequel ne formant d'abord qu'une même masse, crève & éclate par le contact de l'air, & se reproduit aussitôt sous plusieurs petites sphères de feu éparpillées, qui suivent un instant l'ensemble de leur projection.

Toutes les planètes, depuis celle de *Mercure* jusqu'à celle de *Herschel*, courent presque dans un même plan, ou occupent un angle de très-peu de degrés dans le ciel : toutes font leurs circonvolutions d'occident en orient ; toutes tournent

fait ; c'est qu'un jet quelconque d'une montagne volcanique, individuellement pris, est toujours de matière homogène.

sur leur axe dans le même sens : d'où l'on ne peut
que conclure qu'elles proviennent d'un seul jet
du soleil, & que leur origine est commune (*).

CHAPITRE VI.

Éruption des Satellites.

CEPENDANT ces nouvelles sphères, encore
très - ardentes dans le moment qu'elles se sont
roulées sur elles-mêmes pour descendre à leurs
places, ont dû encore, par leur excès de chaleur

(*) M. *de Buffon* est le premier qui ait conçu l'origine commune des planètes, & qui ait tenté d'en indiquer une cause.
Mais que ces hypothèses pour expliquer ce grand phénomène,
sont défectueuses ! *Une Comète a frappé obliquement sur le Soleil,
en a détaché un torrent de matière ; & les différentes densités de cette
masse liquéfiée, ont causé sa division en plusieurs globes.* Mais comment, & pour quoi ont-ils pris des formes arrondies ? La Comète
leur a-t-elle ensuite réparti un choc particulier & oblique à
chacun dans le moment qu'elle pouvoit encore les déchirer
comme elle venoit de déchirer le Soleil, pour différencier leurs
mouvemens de rotation, comme on suppose qu'ils le sont ? Ou
ces mouvemens se sont-ils établis spontanément ? Enfin, comment
se fait-il que de ce choc, il résulte une circonvolution elliptique
presque circulaire de ces globes autour du Soleil & des mouvemens qui sont toujours les mêmes ? &c. &c.

D 2

centrale, éprouver de grandes convulsions, lesquelles étant moindres toutefois que la première
dont je viens de parler, n'ont plus rompu ni divisé
en entier leurs masses, mais leur ont fait faire
plus ou moins subitement éruption de leurs satellites (*): & ceux-ci, n'excédant plus la sphère
de chaleur de leur planète principale qui les sou-
levoit, ils sont restés dans son système atmosphérique, pour lui servir de cortège & en être immédiatement régis. Les feux de leur planète qui
les embrassent, les dévancent au loin & parent
le choc qui pourroit les leur ravir: de même que
le soleil lutte de tous ses feux contre ceux des
soleils voisins, & maintient ses planètes dans son
empire, en détournant l'appui que ses rivaux
pourroient leur substituer pour les retirer de son
domaine.

(*) Le P. *Della Torre* dit, que la lave conserve souvent sa chaleur très-long-temps; qu'on l'a vue plusieurs fois se rompre
quelques années après & faire éruption. Je puis certifier que j'ai
vu à Naples & aux environs du Vésuve, des balles parfaitement
rondes de deux pouces, & une entre autres, de 20 pouces de
diamètre, qui avoient jailli, me dit-on, de l'énorme jet de
lave de l'éruption de ce volcan en 1779, en même temps que
son éruption se faisoit. Ainsi, comme je le dis dans le texte, *les*
planètes ont fait éruption de leurs satellites, plus ou moins subite-
ment, &c.

Et l'on conçoit, sans doute, que les plus grosses planètes, contenant plus de chaleur qu'une plus petite & inférieure qui a un satellite, comme la Terre, par exemple, elles doivent, après leur plus forte éruption proportionnelle à leur grosseur individuelle, en avoir éprouvé de moindres qui sont relatives à leur plus grande quantité de masse & auront produit quelques satellites inférieurs.

CHAPITRE VII.

Production de l'Aride.

E N F I N le feu des planètes s'étant un peu exhalé & ralenti, elles auront reçu les eaux de leurs atmosphères à demeure; & leurs surfaces, contractées sous cette nouvelle presse, se sont aussitôt entr'ouvertes de toutes parts, pour livrer passage à des colonnes de feu qui ont donné naissance à nos premiers volcans; lesquels ont produit l'*aride* qui nous élève au dessus du niveau des eaux, & ont vomi tous ces jets de pierre fondue & liquéfiée qui forment les bancs parallèles de nos montagnes & toutes les aspérités de la croute superficielle du globe; n'étant aujourd'hui dans leurs plus fortes éruptions, que les foibles reftes de convulfions jadis plus confidérables. (*)

CHAPITRE VIII.

Attraction & Impulfion fimultanées par la chaleur centrale. des Spheres celeftes.

Les fphères céleftes, gyrovagues ou fixes, reftent à des diftances limitées, après s'être efpacées dans le ciel, parce qu'étant toutes des foyers d'embrafement, il faut qu'elles s'attirent mutuellement & forment un enfemble de fyftème, les planètes autour du foleil, & les fatellites autour de leur planère principale.

Mais par cette attraction, j'entends une afpiration forte, une fuccion foutenue d'une chaleur concentrée qui raréfie vivement, & dont l'effet fe portant au loin, fait qu'un globe célefte cherche à s'alimenter de l'atmofphère d'un autre globe qui en eft pourvu ainfi que lui, & qui fe trouve à fa portée.

(*) Voyez le livre 4, concernant la formation des montagnes & des continens.

Cette aspiration par chaleur centrale des sphères
célestes, feroit donc précipiter les planètes de
notre système vers leur foyer commun, & les
satellites vers leur planète, si chacun de ces globes
ne résistoit à cette attraction par le souffle de feu
dont ils rayonnent & dont ils heurtent mutuellement leurs surfaces atmosphériques; ensorte qu'ils
se tiennent tous écartés & à des distances fixes;
parce que, ce qu'ils raréfient & rejettent loin
d'eux, devient une puissance impulsive, tandis que
le même effort qui atténue intérieurement pour
exhaler au dehors, cherche à entraîner un globe
voisin dont il aspire en partie ce qui en émane,
par une même atténuation & un souffle au dehors
qui s'y opèrent.

Ainsi la terre attire la lune, parce que sa chaleur centrale, en aspirant une partie de l'atmosphère de ce satellite, entraîne vers elle ce petit
globe qui en est le foyer, & le fixe près d'elle.
Ainsi la lune attire la terre, parce que sa chaleur
centrale, en aspirant une partie de l'atmosphère
de sa planète, entraîne autant qu'elle peut vers
elle, ce gros globe qui en est le foyer, & le fixe
près d'elle : & comme ces deux sphères exhalent
leur chaleur au dehors, en raison de leur forte

D 4

aspiration, la même cause les lie l'un à l'autre & les tient écartés.

La force qui écarte un satellite de sa planète, ou une planète du soleil, est la même qui leur imprime le mouvement. La force qui retient ces différens globes à une distance limitée dans leur système respectif, tend à la cohésion ou à fixer les mouvemens. Cette dernière force opère donc un retard sur leurs mouvemens, puisqu'elle gêne constamment la force qui les agite : donc la force d'impulsion est plus grande que la force d'attraction, puisqu'il faut qu'elle surmonte à chaque instant cette dernière qui tend à fixer & ramener au repos tout ce sur quoi elle a action. Nous fixerons par la suite les loix de l'un & de l'autre, d'après les notions sûres que nous avons des mouvemens comparés de la terre & de la lune. Nous ne devons pas en dire davantage à présent. (*)......

C'est cette aspiration essentielle d'un agent destructeur & consommateur, d'une chaleur centrale, qui attire les corps graves dans leur chûte vers la surface des planètes, & contient le fil à plomb perpendiculaire à l'horizon sur toute leur circon-

____

(*) Voyez chap. 13 livre 2.

férence ; parce que tous les corps graves qui peuvent être mus à la surface de la terre, participent immédiatement à son feu expansif dont ils se forment une petite atmosphère que *Boyle* & *Newton* ont très-bien remarquée autour des corps même les plus durs ; atmosphère qui n'est produire que par le souffle de feu dont ils sont des conducteurs continuellement aspirans & exhalans. c'est par-là qu'ils dégagent leur surface immédiate du contact de l'air ambiant, pour l'entasser à une petite distance, & s'imbiber du feu de l'atmosphère : & c'est cette pénétration de feu que recèlent plus ou moins tous les corps, qui les fait fléchir sous l'aspiration forte de la planète & les rappelent incontinent à sa surface. C'est par-là que commence le magnétisme universel, la faculté électrisable de tous les corps ; enfin c'est de-là que provient leur attraction réciproque lorsqu'ils se rapprochent, & leur cohésion plus ou moins forte au contact, par une aspiration réunie qui se fortifie toujours plus ou moins en devenant commune.

CHAPITRE IX.

L'Impulsion & l'Attraction agissent en raison des Diamètres comparés des Sphères celestes ; & coordonnent les distances des planètes & des Satellites autour de leur foyer de mouvement, en raison de leurs grosseurs graduees.

L'Impulsion agit en raison des diametres.

UNE force impulsive qui va constamment du centre à la circonférence, telle qu'est celle que nous venons d'entrevoir, & qui s'applique aux surfaces, doit agir en raison des grosseurs des corps qui lui font obstacle sur sa route (*).

Elle s'aidera par conséquent de la distance pour espacer les plus grandes planètes ; & les distances des planètes au soleil & des satellites à leur planète, indiqueront nécessairement des grosseurs ou des diamètres respectifs, gradués en raison de leur éloignement du foyer qui agite ces différentes

---

(*) En établissant un principe impulsif dans le ciel, c'est démontrer invinciblement les grosseurs graduées des planetes en raison de leurs distances, & renverser en même temps l'hypothèse des densités. Voyez notre Examen du système de Newton, art. 4, & la note de l'art. 19, ensuite voyez livre 2, chap. 11 & 13.

sphères, *tous ces globes étant de même densité* : car une force qui agit en raison des diamètres comparés des sphères qu'elle pousse devant elle, ne peut proportionner la distance avec les grosseurs, qu'autant que les volumes pèsent en proportion des grosseurs mêmes (*).

Cette cause impulsive résultante des chocs mutuels des globes gyrovagues ou fixes des cieux, devient ensuite une force attractive, par-là même qu'elle aspire & offre sur toute sa route une aire

---

(*) *Newton* croyoit sauver l'invraisemblance choquante de l'hypothèse des différentes densités des planètes, par une autre pareillement dépourvue de vraisemblance.

Il prétendoit que *les planètes les plus denses*, qui précisément dans son système *se trouvent les plus proches du Soleil*, étoient ainsi placées *pour qu'elles souffrissent moins des ardeurs de cet astre.*

Mais observez-vous, 1°, que ce sont les plus petits globes qui sont les plus voisins du Soleil, & qu'il faudroit déja supposer comme une loi de la nature, que les densités doivent être en raison inverse des volumes apparens. *c. q. f. d.*

2°, Observez-vous encore que les plus petits satellites sont les plus rapprochés de leur planète, & que si les densités sont généralement l'inverse des volumes, (car il faut de l'uniformité dans un système de physique, & que ce qui concerne les planètes puisse s'adapter aux satellites) vous ne pouvez en rendre raison par la trop forte chaleur que ces petits globes secondaires ont à essuyer en comparaison des plus gros, de la part de leur planète qui est leur pivot de mouvement.

raréfiée, dont le développement & l'extension augmentent constamment la puissance.

Ainsi cette attraction par aspiration, exigera encore que les distances soient en raison des grosseurs comparées des globes que cette force veut fixer, & auxquels elle prescrit des limites dans les cieux : car l'attraction ne peut agir davantage sur les plus gros globes que ur les plus petits, qu'en raison d'une plus grande aire intermédiaire qui fortifiera l'aspiration par la distance, & réglera ainsi l'écartement des sphères autour de leur foyer de mouvement sur leurs grosseurs graduées.

Tel est le mécanisme par lequel je conçois que les cieux peuvent s'équilibrer. L'Auteur de la nature ayant mis au centre & pour pivot de l'univers une masse de feu expansible & attractive, il n'y avoit que des globes pleins de feu & d'une chaleur exhalante au dehors, qui pouvoient lutter contre cet essieu embrasé : c'étoit en opposant le feu au feu même, qu'il pouvoit résulter de grands effets & de grandes scènes sur ce vaste théâtre de l'univers. Il falloit un mouvement universel, perpétuel, véloce, du centre à la circonférence & de la circonférence au centre, pour que les planètes formassent un ensemble de système

autour du soleil & les satellites autour de leur
planète, enfin pour que tout fût agité dans le ciel,
toujours, & vivement.

Les planètes ont donc un feu central, une chaleur propre, qui s'exhale au dehors comme la
chaleur lumineuse du soleil; elle leur donne, ainsi
qu'à cet astre, une atmosphère qui les équilibre
dans le vague des cieux sur la sienne propre, &
qui est toujours proportionnée à la masse solide
d'où elle tire sa source.

CHAPITRE X.

Atmosphères Aqueuses des Planètes.

L'Air pro-
vient de
l'évapora-
tion des
eaux.

LA chaleur centrale de la terre, (pour ne citer que notre globe) en s'exhalant sans cesse à sa surface, nous apporte cet humide qui constitue l'air que nous respirons, & qui contribue à plusieurs vicissitudes de ce même feu qui nous le procure (*).

En effet, il pénètre incessamment toute la masse des mers, il les tient perpétuellement en fluidité, les soulève instantanément & successivement au zénith & au nadir de chaque méridien, avec la même facilité qu'il opére l'ascension des liqueurs dans les tubes capillaires, ou qu'il pousse la sève vivifiante dans les fibres étroites des végétaux.

Or, il ne peut ainsi porter le mouvement dans toute la masse des eaux de nos océans, qui couvrent la plus grande partie de notre globe, sans leur faire éprouver une évaporation immense &

(*) Newton prétend que notre air atmosphérique est renouvellé & entretenu par des queues de Comètes qui nous font part de leurs vapeurs.

foutenue, fans les déchirer, fi j'ofe le dire, dans toute leur profondeur ; enfin, fans en extraire une pouffière infiniment fine, un fable humide, impalpable & invifible qu'il fouffle au loin, & qui, combiné avec le feu qui en eft le vecteur, conftitue l'air que nous refpirons.

Ce fable fluide (& inflammable, puifqu'il alimente le feu,) a fait corps dans le principe avec la planète ; car il n'y a pas de doute que les eaux dont fon océan eft comblé, ne foient une efpèce de verre déguifé, qu'elles ne foient les fragmens talcqueux & l'émail vitré & brifé de la couche la plus fuperficielle du globe, la première refroidie, fcorifiée, vivement brifée & exfoliée dans le premier moment qu'elle a été frappée de froid en arrivant du foyer le plus ardent dans les déferts des cieux. Telle eft, mais plus groffière feulement, cette fcorie talcqueufe & vitrée qui fe hériffe à la furface des laves les plus denfes & les plus embrafées des volcans.

Cette atmofphère, aqueufe & rare, forme l'azur tranfparant qui couvre nos têtes ; elle nous humecte fans ceffe & nous fert d'égide contre les feux de notre planète qu'elle obfcurcit, & contre ceux du foleil. La hauteur prodigieufe de ces vapeurs nous fera indiquée par les phénomènes qu'elles opèrent dans leurs différentes viciſſitudes de condenſation & de raréfaction. Dans leur condenſation, elles preſſent & font refluer le fluide igné qui les a apportées, & lui font chercher une voie plus libre pour s'épancher; ou bien elles ſe reportent ailleurs, lorſque la chaleur de la planète ou la lumière du ſoleil, ou la lune enfin, viennent à les pouſſer par une raréfaction accidentelle ou locale.

Des Vents. C'eſt de cette maſſe aqueuſe & tranſparente, qui eſt néceſſairement dans un inéquilibre perpétuel de condenſation & de raréfaction par la ſurcharge continuelle des vapeurs qui y arrivent, que partent ces fleuves de vents qui coulent juſqu'à terre & qui rampent autour de nous; qui ſe croiſent, ſe choquent, ſe ſurmontent, ſe détournent, ſe raréfient & remontent encore à des hauteurs énormes pour retomber de nouveau. C'eſt ainſi que par des couches & des fleuves de courans inteſtins, la mer glaciale porte ſans ceſſe ſes eaux froides & peſantes vers l'équateur, qui lui verſe ſes eaux chaudes & légères, leſquelles reviennent bientôt appeſanties, pour être réchauffées de nouveau: & c'eſt ainſi que par un

cercle

cercle éternel, l'atmosphère & l'océan sont dans un mouvement pérpétuel.

Les vapeurs atmosphériques des planètes résident spécialement sur leurs pôles. Elles ne nous laissent voir l'énorme masse de Saturne, que sous une forme ovale, & nous masquent une grande partie de ses pôles. Ceux de Jupiter paroissent un peu applatis de temps en temps. Ceux de la terre sont constamment pressés de leur surcharge & y maintiennent un froid presque toujours glacial (*).

Ces vapeurs font continuellement effort pour se reverser vers la zone torride, la plus raréfiée. Elles y font refouler une grande partie du fluide igné qu'exhale la terre ; l'aiguille aimantée, qui est le conducteur sensitif de ce fluide, nous décèle sa marche & sa fuite invariable vers la ligne équatoriale (**).

(*) Voyez ce qui concerne la planète de Saturne dans le livre 2, chap. 8.

(**) Le Capitaine *Ellis*, voyageant dans la baie d'Hudson, par un froid excessif, & s'appercevant que ses boussoles ne lui donnoient point d'indication, essaya de les ranimer en faisant du feu tout autour. Ce moyen, qui lui réussit & qui fit aussitôt pointer ses aiguilles, indique assez la source du Magnétisme, Encyclopédie, art. aiguille aimantée. Voyez aussi au livre 3 de cet Ouvrage, chap. 2.

E

C'eſt l'attraction par chaleur centrale des planétes qui rappelle ſans ceſſe, qui fixe ainſi leurs vapeurs atmoſphériques à leurs ſurfaces. C'eſt par
cette aſpiration plus ou moins concentrée, qu'elles
viennent peſer en partie ſur nous & indiquer en
partie leur poids par les hauteurs variées du baromètre ; tandis que ce feu fugitif, qui jamais
ne repoſe, les raréfie encore, les allège plus ou
moins efficacement à la ſuperficie immédiate de
la terre ; ce qui établit les différences des latitudes méridionales & des latitudes ſeptentrio-
nales. (*)

(*) Si nous conſultons les philoſophes tant anciens que modernes, nous trouverons que pluſieurs d'entre eux ont eu des
idées plus ou moins analogues aux principes préliminaires que
nous venons d'établir. *Deſcartes*, *Leibnits*, *Buffon*, &c. ont donné
une origine embraſée aux planètes. M. de *Buffon* a entrevu que
*la lumière avoit pu, par ſon électricité, écarter du contact du Soleil le
périhélie des planètes*. *Képler* penſa un inſtant que la *lumière du
Soleil agitoit & ſuſpendoit les mondes dans les déſerts des cieux*. Le
P. *Renaud* ſemble entrevoir que *les rayons du Soleil pourroient bien
ſuſpendre les planètes & les faire tourner ſur leur centre avec autant
de facilité, qu'un filet d'eau, qui jaillit de la fontaine de Héron, ſoutient & fait tourner une boule de ſiége*. Parmi les anciens, pluſieurs
Philoſophes grecs ont regardé le *Feu* comme le mobile des cieux,
comme le principe vital de tous les êtres, & le Soleil comme le
père de la nature & le pivot des mondes. *Zénon le Stoïcien* a
conçu qu'il n'y avoir que les forces du *Feu* capables de cauſer,
de varier, de perpétuer des mouvemens dans la nature ; & vous
trouverez dans *Pythagore*, dans *Héraclyte*, *Hyppias*, *Parménide*,

Ces Préliminaires posés, je vais développer

Démocrite, *Epicure*, *Ocellus*, *Anaximandre*, *Anaximènes*, *Thalès*, & plusieurs autres grands philosophes de l'antiquité, des idées parfaitement relatives au système que nous développons. (Voyez histoire du Fatalisme).

Quelques Philosophes modernes, *Descartes*, *d'Alembert*, *Newton* même, ont préssenti notre système, & l'eussent découvert & développé, s'ils eussent pu avoir connoissance de l'atmosphère de chaleur & de l'atmosphère aqueuse qui enveloppent les planetes. *Descartes* avoit dit : *qu'il falloit des choc, des résistances, des atmosphères aux planètes, (ses tourbillons en tenoient la place,) pour les balancer dans les cieux.*

M. *d'Alembert* réfutoit les tourbillons de *Descartes*, en disant dans l'Encyclopédie, au mot *flux & reflux*, à l'occasion même de la difficulté qu'il trouvoit à expliquer ce phénomene par le moyen de l'attraction Newtonienne, *qu'il faudroit trouver un fluide atmosphérique qui attireroit dans un sens, tandis qu'il presseroit dans un autre sens.* C'est-à-dire, que ce grand Géometre trouvoit ces deux systèmes défectueux, puisque, tenant plus par préjugé que par conviction au système de *Newton*, il ajoutoit : *Il faut donc renoncer aux tourbillons de Descartes, dès qu'ils ne produisent point l'effet que nous désirons, & expliquer le phénomène du flux & reflux, par le mot d'Attraction, jusqu'à ce que la cause soit mieux connue.*

Newton, qui dans ses principes mathématiques avoit d'abord prononcé contre toute espece de mécanique dans le ciel, & recouru à un vide parfait pour ne point gêner les mouvemens des planetes, conçut ensuite une espece d'horreur, si j'ose le dire, de ce vide ; il dit depuis dans son optique, *que l'univers étoit peut-être rempli d'un Ether, (mais je ne sais ce que c'est que cet Ether, ajoutoit l'Auteur,) qui, se condensant graduellement du centre des sphères célestes à la circonférence des cieux, donnoit l'impulsion de la circonference au centre aux planètes & aux corps graves qui étoient portés d'une aire raréfiée dans une plus dense.*

M. *de Tressan* voit une impulsion & une attraction électrique dans les mouvemens des planetes, & explique par-là leur rap-

mes principes par le détail des plus grands phénomènes de la Physique céleste & terrestre.

prochement & leur écartement successifs de leur foyer de mouvement. Enfin, quantité de Physiciens ont tenté différens systê-
mes opposés à celui de *Newton*, (M. *du Carra*, le Baron de
Malivert, &c. &c.) & qui n'ayant pas plus de succès, prouvent
au moins que celui du Philosophe Anglois n'a jamais eu cette
évidence qui porte la conviction à l'esprit de ceux qui la cherchent & qui ont droit de l'exiger en matiére de physique.

Je laisse donc aux critiques à discuter maintenant toutes les
autorités que me fournissent les ouvrages philosophiques des
anciens & des modernes, pour douter de nos principes reçus,
les détruire & établir un nouveau systême de physique céleste
& terrestre, sur les propriétés essentielles & connues du *Feu*,
principe constant d'impulsion & d'attraction.

Fin du premier Livre.

MÉCANISME
DE LA
NATURE.

LIVRE SECOND.
DE L'ASTRONOMIE COMPARÉE
DE NOTRE SYSTÈME PLANÉTAIRE.

CHAPITRE PREMIER.
De la Sphéricité des Planètes.

LA sphéricité du soleil & des étoiles, qui sont autant de soleils ; celle des planètes & des satellites, indique l'ignition centrale, la liquéfaction totale & originelle de ces globes, lesquels ont nécessairement arrondi leurs surfaces encore flexibles dans le moment de leur naissance, par une

aspiration forte de leur chaleur concentrée, qui a
opéré en même temps leur cohésion ; & en attirant
vivement de la circonférence au centre de leurs
masses brûlantes & en fusion, tout ce qui pouvoit
alimenter leurs feux dévorans ; enfin par l'effort
égal que chacun d'eux a fait en dardant ses feux du
centre à la circonférence également preslée de
tout le froid environnant des déserts qu'ils venoient
habiter.

C'est ainsi que le P. *Della Torre* a remarqué que
la pierre en fusion, après que son jet a coulé hors
de la montagne volcanique, marche toujours gravement, & que plus elle est dense & chaude,
plus sa cohésion est forte, & plus elle tend à se
soulever de terre, en se ramassant & en se rétrécissant sur sa longueur, pour se rapprocher de
la forme sphérique.

Cette analogie, une des plus frappantes que l'on
puisse citer & comparer en physique, & qui est
bien à notre portée, nous donne, en petit, une
idée de ce que la nature peut opérer en grand.

CHAPITRE II.

*Rotation & Circonvolution des Planètes autour
du Soleil.*

LES planètes ont pris originairement leur mouvement de rotation, & l'exécutent encore aujourd'hui, par l'excès de chaleur que ces sphères exhalent constamment vis-à-vis du soleil, plus vivement que du côté obscur ; & cette émission plus vive, appuyant plus fortement sur les rayons du soleil, soulève les planètes par un de leurs côtés, les déplace & les fait avancer dans une orbite, en les faisant rouler sur leur atmosphère, dont l'immense circonférence est évidemment indiquée par l'espace que décrit leur centre par jour dans le ciel. Nous assignerons par la suite le nombre des rotations de chaque planète, d'après plusieurs analogies comparées.

C'est ainsi, pour comparer les petites choses aux grandes, qu'on voit la lave fondue & brûlante s'élancer vivement de nos volcans, puis se rouler, s'avancer dans la plaine, par le moyen du feu qui la tient en fusion & qu'elle condense sous elle. Le ſoleil n'eſt dans la nature qu'un foyer plus ardent que nos volçans, qui ſoulève plus efficacement les matières qu'il rejette ; & les globes planétaires ſont des laves plus rayonnantes, plus chaudes, ſuſpendues plus longtemps au deſſus de leur foyer de naiſſance, & qui s'y promènent plus facilement ſans raſer ſa ſurface, comme nos laves qui poſent bientôt à terre pour ramper quelques inſtans à ſa ſuperficie (*).

(*) Je ne vois rien dans la nature qui offre des forces plus vives que celles du *Feu*. Je ne connois pas de phénomènes plus grands, plus impoſans que ceux des éruptions des volcans : je les citerai fréquemment dans le cours de cet ouvrage, parce qu'ils peuvent ſeuls préſenter de fortes analogies qu'on a négligées juſqu'à préſent. Si nous épions bien la nature, c'eſt à l'atelier du feu, ſans doute, que nous lui verrons puiſer les grands moyens par leſquels elle diſtribue le mouvement & la vie dans toute l'immenſité de l'univers.

L'électricité eſt, après les grands phénomènes des éruptions des volcans, notre plus belle expérience en phyſique, puiſqu'elle rend ſenſible le mécaniſme du monde autant que de petites choſes peuvent être le type des plus grandes. Un conducteur électrique ſe charge d'un tourbillon de notre feu atmoſphérique, auſſitôt ſon ſouffle dégage & raréfie ſa ſurface, & les corps libres & légers qui atteignent cette aire raréfiée, ſe précipitent ver lui ; mais à peine ſont-ils ſaturés de feu, que rayonnans eux-mêmes, leur ſouffle les écarte, les pouſſe & les équilibre, & ils deviennent de petites ſphères d'attraction, par l'aſpiration que leur procure le ſouffle raréfiant qu'ils exhalent. C'eſt ainſi que les filiations métalliques, lapidifiques, & autres matières quelconques ſont

Le mouvement de rotation des planètes, une fois établi par la premiere impreſſion quelconque de la maſſe totale dont elles ont été produites ; la direction s'en eſt maintenue la même ; parce que la partie occidentale eſt reſtée conſtamment plus échauffée que la partie orientale ; ce qui eſt rendu ſenſible par le crépuſcule du ſoir, plus long que celui du matin ; par l'anſe occidentale de Saturne, plus longue que l'anſe orientale, où gît encore une partie des vapeurs denſes de la nuit ; par les éclipſes fréquentes & totales du cinquième ſatellite de Saturne, en deçà de ſa planète, lorſqu'il eſt du côté de l'anſe orientale, laquelle diſparoît auſſi la première, lorſque ſes anſes s'obſcurciſſent ; enfin, par cette petite lueur de feu qui paroît ſur le diſque de la lune, lorſqu'elle eſt nouvelle, & qu'elle s'avance par la partie occidentale de la terre dans ſon orbite, & qui diſparoît dans ſa dernière phaſe, lorſqu'elle eſt à l'orient.

De-là reſulte cet inéquilibre perpétuel des pla-

____

attirées puiſſamment par chaleur dans le ſein des volcans, pour en être rejetées avec violence, lorſqu'elles ſont incendiées ; ou c'eſt ainſi que les corps graves peſent à la ſurface de la planète, & que rayonnans de chaleur, ils s'en écartent comme les ſatellites.

nètes, & leur circonvolution progreſſive par rotation dans un orbite, au moyen de rayons atmoſphériques toujours inégaux d'un feu allongé,
actif & dégagé, qui les ſoulève à droite, & d'un
feu plus circonſcrit, moins actif, & accablé de
plus de vapeurs à gauche, qui les laiſſe ſans ceſſe
baiſſer vers le ſoleil pour y ramener leur côté
obſcur.

Or, comme un fait en phyſique eſt toujours
une analogie ſûre dont on peut tirer toutes les inductions rigoureuſes qui ne le contrediſent pas,
j'infère de ce que la terre tourne ſur elle-même
365 fois, pour décrire ſa circonvolution annuelle;
que toutes les planètes complétent leurs orbites par
un nombre de rotations proportionnel à celui de
notre globe; ce que nous démontrerons par la
ſuite. (Voyez le Chap XIII.)

CHAPITRE III.

Mouvemens des Satellites autour de leur Planète.

LA terre tourne autour du soleil, en changeant
continuellement de face vis-à-vis de cet astre.
La lune n'a pas ce même mouvement de rotation :
ainsi nous devons conclure par une analogie qui
ne peut être que très-juste, que les satellites de
Jupiter & de Saturne ne tournent point non plus
sur eux-mêmes, mais qu'ils s'avancent uniformément dans leurs orbites, de même que la lune,
en présentant toujours une même face à la planète qui leur sert de pivot (*).

Je fais abstraction du mouvement de rotation
que la lune paroît avoir par rapport au soleil,
parce que ce petit globle appartient exclusivement
au système de la terre, qui seule a action impulsive
& attractive sur lui : c'est ce que nous démontrerons par la suite dans le Chap. XIII de ce même
livre.

Le P. *Della Torre* a vu la lave, au sortir du

____

(*) Voyez chap. 19 de ce même livre.

Vésuve, s'avancer plus ou moins gravement dans la plaine, s'arrêter quelquefois plusieurs heures, même une demi-journée; puis reprendre son cours après que son feu avoit repris un peu de force en se concentrant sur lui-même, & réchauffé la place que la lave occupoit. C'est ainsi que les satellites des planètes s'avancent uniformément dans leurs orbites, par le moyen de feux, qui, condensés sous eux, & devenus plus actifs dans la place qu'ils quittent que dans celle qu'ils vont occuper, les poussent toujours un peu plus loin, & constamment d'occident en orient, dans la direction du mouvement de rotation des planètes, parce que c'est encore par la partie occidentale qu'elles leur apportent leurs plus grands feux, comme nous l'avons vu dans le Chapitre précédent.

Ces petites planètes secondaires n'ont aucun mouvement de rotation, parce qu'elles n'éprouvent point le choc de la sphère rayonnante de chaleur qui les supporte; (Voyez Chap. XIII.) mais elle les embrasse pour les suspendre & les équilibrer, en raison du plus ou moins de place qu'occupent leurs petites sphères propres de chaleur; & ces globes vont plus vîte ou plus lentement, selon que leur sphère de chaleur rencontre des endroits plus ou moins raréfiés ou actifs dans celle de leur planète principale.

J'ai dit, en parlant de la rotation des planètes, que leurs circonférences atmoſphériques étoient proporrionnelles à une de leurs rotations: mais comme les ſatellites n'exécutent point ce mouvement, la circonférence de leur ſphère de chaleur ne peut être repréſentée que par une de leurs révolutions dans leur orbite; ce qui revient à une rotation d'une planète; c'eſt-à-dire, que cette circonférence atmoſphérique égalera l'orbite même du Satellite, & que le rayon ſera égal à ſa diſtance de ſa planète.

CHAPITRE IV.

Immobilité du Soleil (*).

Les Soleils ſeuls ſont fixes & immobiles ſur eux-mêmes; ils n'ont aucun côté plus obſcur ou

______

(*) Les Newtoniens prétendent que le ſoleil tourne, par un mouvement ſpontané, ſur lui-même; que ſon axe eſt incliné ſur le plan de notre orbite, & que ſa rotation eſt de vingt-cinq jours & demi; mais ils ne donnent aucune raiſo[n d]e ces phénomènes, qui ſont des ſuppoſitions vagues & g[ratu]ites, puiſ-

plus lumineux l'un que l'autre, d'où puisse naître un inéquilibre constant, pareil à celui qui tient perpétuellement les planètes en mouvement ; ils n'ont point de pivot qui leur imprime une action quelconque de rotation ou de circonvolution ; ils s'équilibrent donc entre eux & s'assignent au loin des places fixes en luttant vivement de toutes leurs forces contre toute la voûte des cieux, que tapissent d'autres Soleils sans nombre.

Des sphères obscures comme nos planètes peuvent circuler &circulent sans doute, autour de ces globes de feu, puisque l'interposition seule de ces corps gyrovagues peuvent nous masquer quelques étoiles, pour les laisser reparoître après plus ou moins de temps, comme cela arrive assez fréquemment, & chaque fois, sans doute, que le plan du système planétaire d'un Soleil éloigné de nous, est plus ou moins parallèle à notre rayon visuel.

Les taches de notre Soleil n'ont jamais eu qu'un mouvement apparent de quelques jours dans la

qu'elles sont dépourvues de preuves. De plus, cet astre occupe une place fixe & invariable dans le ciel, & ces physiciens négligent d'expliquer ce fait, qui cependant doit être nécessairement du ressort de la physique ; car ce ne peut pas être sans une cause quelconque, qu'un globe céleste reste dans une place déterminée, tandis que tant d'autres sont agités autour de lui.

direction des planètes, sans qu'on ait jamais pu
y remarquer un mouvement complet de circonvolution autour de cet astre. Le P. *Ximénès*, le
plus habile Astronome de l'Italie, que j'ai consulté
sur cet objet à Florence, m'a garanti ce fait. Il
faut par conséquent attribuer leur mouvement
apparent à l'immense hauteur de notre atmosphère,
laquelle, à la distance où nous sommes du Soleil,
semble les faire suivre sous l'œil pendant quelque
temps ; comme le voyageur inattentif croit, pendant la nuit, que la lune le suit.

CHAPITRE V.

Les Comètes sont des Météores passagers.

JE n'attribue aucun mouvement de rotation aux
Comètes, quoiqu'elles paroissent immédiatement
régies par le même astre qui nous meut ; parce
que non-seulement je ne pense pas qu'elles soient
des globes de la nature des planètes, mais même
je ne les regarde que comme des météores formés
des exhalaisons embrasées qui se condensent de
temps en temps dans les vastes déserts que le soleil
remplit de ses feux ; elles sont en grand, dans l'im-

menſité de l'univers ſolaire, ce que ſont les petites *étoiles tombantes* que nous appercevons fugitivement dans notre atmoſphère. Voici les faits ſur leſquels j'appuie mon raiſonnement (*).

Les Comètes tranchent trop d'harmonie avec tous les globes planétaires, pour que l'eſprit humain puiſſe ſaiſir la plus petite analogie, ou le moindre rapport entre leurs mouvemens comparés; elles paroiſſent indifféremment dans toutes les parties du ciel; leurs groſſeurs ſont variées à l'infini, ainſi que les temps de leurs apparitions, elles n'ont point cet enſemble de mouvement qu'offrent pluſieurs ſatellites autour d'une même planète; ou toutes les planètes autour du ſoleil. Tous les efforts des Aſtronomes n'ont pu en aſſujétir une à un cours réglé ou à un retour fixe, quelque courte qu'ait paru devoir être la révolution de pluſieurs : & ſi elles peuvent s'approcher des planètes ou du ſoleil, il eſt inconteſtable qu'elles ne ſont pas environnées d'atmoſphères rayonnantes en tous ſens, comme les planètes & les ſatellites qui ne peuvent jamais approcher de leur foyer de mouvement, & s'en tiennent toujours écartés.

(*) Voyez l'Encyclopédie, art. *Comètes*, où j'ai puiſé la plus grande partie de mes objections.

Elles

Elles apparoiffent à notre vue & s'approchent
vers le foleil, fans que leur groffeur y mette une
différence quelconque. Leurs globes, d'où part
une vapeur embrafée, font eux-mêmes plus ou
moins lumineux, ce qui préfente un phénomène
diffonant avec les corps planétaires premiers &
fecondaires, lefquels ne font point lumineux, &
avec les maffes les plus embrafées, c'eft-à-dire les
foleils, lefquels font toujours fixes. Leurs queues,
ainfi que celles de nos étoiles tombantes, s'augmentent dans leur courfe, jufqu'à ce qu'elles difparoiffent tout-à-fait.

Elles n'ont jamais de globes fecondaires à leur
fuite, tandis que les fphères lumineufes ont des
planètes, & que toutes les planètes ont des fatellites, comme nous le démontrerons par la fuite;
elles difparoiffent toujours fubitement, avant
d'avoir parcouru autant d'efpace après le point
qu'on a regardé comme leur périhélie, qu'elles
n'en avoient parcouru pour arriver à ce point.

Hévélius, qui peut-être a le mieux fuivi ces
météores, a vu le noyau de la Comète de 1661
diminuer fenfiblement en grandeur & en lumière,
s'altérer fur fa rondeur & fe denteler, enfin fe
diffiper & ne laiffer qu'une légère traînée de

F

lumière qui ne s'évanouit que quelques inftans après que le noyau même eût difparu.

Enfin, le foleil, ainfi que la terre, a fes nuages que nous nommons fes taches, & il doit avoir, comme notre globe, fes exhalaifons, fes météores, fes *étoiles tombantes*, parce que fes feux, quoique librement répandus dans les déferts des cieux, de même que ceux de notre planète autour de nous, peuvent fe condenfer de temps en temps, & produire en grand, les petits phénomènes qui s'opèrent près de nous.

En vain a-t-on prétendu avoir calculé des périodes de Comètes, de quelques mois ou d'un petit nombre d'années ; le phénomène qui devroit être le plus commun dans le ciel & prefque toujours préfent à nos yeux, eft au contraire le plus rare ; ce qui doit paroître d'autant plus étonnant, qu'elles font lumineufes par elles-mêmes, que leur trace eft marquée d'une traînée de feu, & qu'elles devroient, pour la plupart, être prefque toujours vifibles dans le ciel, &c. . . . .

Les Comètes ne font donc point des corps céleftes de la nature des planètes, puifque toutes les analogies fe refufent à nous les laiffer envifager comme telles, & il eft évident qu'elles ont joué un trop grand rôle en physique jusqu'à présent.

En effet, combien d'hypothèses n'a-t-on pas empruntées des Comètes ? M. de *Maupertuis* en a tiré un parti immense. Selon lui, les satellites des planètes sont des comètes sans queues, l'atmosphère du Soleil & l'anneau de Saturne sont formés des vapeurs lumineuses de queues de Comètes. Selon *Newton*, la terre attire des vapeurs dont les queues de Comètes sont composées, pour entretenir & renouveler notre air atmosphérique ; & un de ces globes doit un jour briser le soleil, ou heurter si rudement contre la terre, qu'il nous pulvérisera (*). Selon *Wiston*, c'est une queue de Comète qui, passant dans notre voisinage, nous a inondés de ses vapeurs & a causé le déluge universel (**). Si l'on en croit M. de *Buffon*, les Comètes ont incendié le soleil, & elles sont elles-mêmes les fragmens d'un soleil voisin qui s'est brisé avec explosion (***). Enfin, selon ce même Auteur,

----

(*) M. de *Lalande* a renouvelé de nos jours cette prédiction dans un ouvrage qui a fait trembler une partie de l'Europe.

(**) Ce Physicien devoit peut-être évoquer une seconde Comète, pour attirer les vapeurs de la première.

(***) Les Soleils sont incendiés par les Comètes ; les Comètes sont des Soleils brûlans qui se sont brisés... on ne sait plus lesquels de ces corps ont existé les premiers, & cette hypothese fait de la lumière une chose accidentelle, &c. &c.

F 2

un de ces globes a frappé obliquement ſur la ſurface du ſoleil, en a détaché toute la maſſe de matière dont les mondes ſont formés, & leur a imprimé un mouvement continu de circonvolution & de rotation, &c. &c. . . . .

Enſorte que les Comètes dont on ne connoît point la nature, ni les mouvemens, dont les apparitions ſont toujours ſubites, momentanées & fugitives, ont ſervi à expliquer une partie des plus grands phénomènes de la phyſique : mais les eſprits juſtes ſentiront, ſans doute, combien ces hypothèſes, en ſuppoſant même les Comètes de la nature des planètes, ſont dépourvues de toutes les anologies qui peuvent étayer de pareils ſyſtèmes (*).

____

(*) Qu'il nous eût été aiſé dans notre ſyſtème, d'admettre les Comètes au rang des corps planétaires, ſi toutes les analogies n'y répugnoient pas ! Elles auroient vagué librement dans les vaſtes eſpaces de notre univers ſolaire, en ſe roulant ſur elles-mêmes, toujours appuyées de leur atmoſphère ſur celle de notre Soleil. Nous aurions pu dire que leurs étonnantes viciſſitudes de mouvement d'aſcenſion & de deſcenſion provenoient de ce que leurs Satellites (qu'on ne voit jamais) repoſoient ſur leur ſurface, ne pouvant plus s'équilibrer par eux-mêmes ; & que leurs atmoſpheres rayonnantes en tout ſens, ne diſparoiſſoient du côté du Soleil, que comme la lueur des étoiles qui fuit devant la clarté du jour. Nous aurions pu dire que leurs

CHAPITRE VI.

Du Balancement de l'axe du Soleil (*).

Il n'y a aucune raiſon phyſique, pour que la terre tourne perpétuellement ſur un rayon vecteur parfaitement parallèle à ſon équateur, ce qui nous donneroit toujours des jours égaux dans tous les climats. Il eſt encore bien moins poſſible de prouver phyſiquement que l'axe de la terre doive ou puiſſe reſter fixément incliné ſur ſon orbite, tandis qu'elle eſt agitée d'un mouvement de rotation & de circonvolution.

Il faut donc concevoir qu'il eſt néceſſaire qu'une planète ſe balance, étant ſoutenue dans le vague des cieux, comme nous l'avons dit plus

atmoſphéres paroiſſoient lumineuſes, parce que ces globes avoient perdu leur océan, qui chez‑nous tempère ſi efficacement l'embraſement extérieur de notre atmoſphère, & contient la chaleur centrale de la planète, comme l'eau contient l'exhalation du lphoſphore d'urine, &c. &c. mais nous aurions fait des hypothéſes.

(*) On s'eſt contenté de dire juſqu'à préſent que l'axe de la Terre étoit incliné ſur ſon orbite, afin que les ſaiſons fuſſent variées ſur la planète; mais un *mieux comme cela qu'autrement*, eſt‑il une raiſon phyſique?

F 3

haut. Mais fi cette maffe vacille fur fon axe, elle ne dérangera pas pour cela la direction de fa rotation, au point de faire paffer fon équateur fur fes pôles; parce que pendant tout le temps que fon axe s'inclinera pour amener un tropique fous le foleil, elle exhalera vivement fa chaleur, & fon expanfion, bientôt trop forte, oppofera aux rayons du foleil un choc qui fera reculer le tropique de la planète. L'axe fe balancera donc pour rapprocher l'autre tropique, fur lequel un nouveau choc fe faifant fentir, l'axe fe balancera encore.

La terre, en s'inclinant ainfi tour-à-tour d'un angle de 23 degrés & demi, décrit 94 degrés en latitude par an fous le foleil. C'eft un mouvement de rotation que la planète a effayé originairement & effaie encore à chaque inftant dans un nouveau fens. Elle n'en eft détournée que par la rapidité de la première & les chocs réitérés de fes tropiques qui tendent fans ceffe à remettre le plan du cercle équatorial parallèle au rayon vecteur du Soleil. C'eft ainfi que la lune, portée tour-à-tour vers un pôle & vers l'autre, par les feux qu'elle condenfe fous elle, en eft puiffamment détournée par une direction plus forte d'occident en orient, que lui impriment les feux de la zone torride, toujours roulant dans ce ſens.

Ce mouvement inconnu juſqu'à préſent, eſt auſſi néceſſaire que la rotation des planètes ; il eſt produit par la même cauſe, nous avons des preuves de ce balancement dans les ſyſtèmes ſatellitaires de Jupiter & de Saturne. On voit le ſatellite extrême de l'une & l'autre planète, entraîné par l'enſemble de l'atmoſphère qui les régit & dont ils occupent toujours la zone équatoriale, comme la plus raréfiée, décrire périodiquement des orbites autour de leur planète, dans une courbe ovale aſſez inclinée ſur notre rayon viſuel, pour qu'ils ne s'éclipſent pendant quelque temps, ni dans la partie ſupérieure, ni dans la partie inférieure de leur planète : ce qui provient néceſſairement de l'inclinaiſon des axes de ces planètes, quand un de leurs tropiques eſt ſous le Soleil. Lorſque ce phenomène a eu lieu dans un ſens, ces mêmes ſatellites nous ramènent la ligne de leurs révolutions parallèle à notre rayon viſuel, & leurs orbites s'évaſent enſuite de nouveau dans le ſens oppoſé, par le rapprochement du ſecond pôle ; c'eſt-à-dire, lorſque l'autre tropique arrive ſous le ſoleil.

Balancement de l'axe de Jupiter & de Saturne.

___

(*) Encyclopédie & Aſtronomie de *Lalande*.

La terre a des inégalités dans ſon mouvement de rotation qui ne proviennent que du balancement de ſon axe. Lorſqu'il a pris ſa plus forte inclinaiſon, & qu'un des tropiques a frappé ſous le Soleil, ſa rotation devient gênée & ralentie. Alors le midi d'une pendule dévance le retour du Soleil au méridien. Au contraire, lorſque ſon axe a varié, & que le choc ſe porte ſur la ligne équatoriale, ſa rotation devient plus libre, & pendant quelque temps le Soleil dévance le midi de la pendule, ce qui lui fait décrire, du haut d'un gnomon, une double ellipſe alongée autour d'une ligne droite, laquelle indique qu'il ne peut ſe rencontrer que quatre fois dans l'année avec une horloge bien réglée.

L'axe de rotation de la terre n'eſt donc point fixe & invariablement incliné ſur ſon orbite; mais c'eſt par un balancement phyſique & né-ceſſaire de cet axe, que nos tropiques voient al-ternativement le Soleil perpendiculaire à leur ho-rizon, & que les climats changent ſur la terre. Tel eſt le mouvement ſimple & naturel de notre planète, inſenſible, à la vérité, comme celui de ſa rotation ou de ſa circonvolution, mais non moins conſtant, qu'il faut ſubſtituer aux cauſes quelconques que nous avons pu imaginer jufqu'à préfent de l'inclinaifon de fon axe.

CHAPITRE VII.

De l'Orbite elliptique des Planètes.

LA courbe elliptique que décrivent les planètes, eft une fuite néceffaire de l'action continuée de leurs feux fugitifs fur les vapeurs humides qu'ils foulèvent , & dont ils fe font accompagner depuis leur fortie des globes jufqu'à des hauteurs très-confidérables (*).

Ces vapeurs s'accumulant inceffamment, leur fphère fe développe , s'étend & gagne en furface ; c'eft pour lors que la planète eft portée à fon aphélie.

Mais ce même fouffle foutenu de la chaleur centrale qui foulève ces vapeurs , amenant bientôt une furabondance qui les oblige à fe condenfer , elles fe dépriment fur la furface des planètes dont le feu refte accablé un inftant , & elles defcendent à leur périhélie,

Alors, de même qu'on voit les feux des volcans

____

(*) Voyez notre critique, art. 12.

ne s'animer que ſous la preſſe des eaux qui baignent leurs baſes , & les ſecouſſes du continent
ſuccéder à de longues & abondantes pluies , par
l'effet d'une chaleur condenſée & gênée ſous l'enveloppe ſurperficielle du globe ; de même auſſi le
feu de la planète , concentré ſous la condenſation accablante des vapeurs atmoſphériques pendant la ſaiſon des frimats , reprend bientôt de
nouvelles forces qui lui font faire jour à travers
tous les obſtacles qui ont circonſcrit ſon activité ; & développant de nouveau l'atmoſphère de
la planète , il la fait remonter à un aphélie. De
même que l'on voit le piſton d'une pompe à feu
s'élever & s'abaiſſer par l'effet d'une eau échauffée ou rafraîchie, c'eſt-à-dire , raréfiée ou condenſée , & ſoulever par le lévier qui lui eſt
adapté, les maſſes les plus peſantes : tant l'induſtrie humaine s'eſt rapprochée des grands moyens
que la nature emploie pour opérer de grandes
choſes !

CHAPITE VIII.

Saturne ressemble aux autres Planètes.

SATURNE est de toutes les planètes, celle où les vicissitudes de son atmosphère, qui causent son rapprochement & son écartement du Soleil, sont plus sensibles. Suivons en détail les différentes apparences que nous offre cette planète, lorsque ses vapeurs atmosphériques sont plus ou moins raréfiées, & nous démontrerons que cette planète n'est point composée d'un globe suspendu dans un anneau mobile, & que la nature travaille trop uniformément pour qu'elle puisse produire une œuvre aussi bizarre.

Lorsque cette planète va descendre à son périhélie, ses vapeurs se condensent graduellement à sa surface ; ses anses se rétrécissent, se voilent enfin, & nous ne la voyons plus qu'à peu près grosse comme Jupiter pendant un certain temps de sa révolution. Lorsqu'elle remonte à son aphélie, c'est-à-dire, lorsque son atmosphère reprend son plus grand développement ou sa plus grande raréfaction, ses anses se dégagent, & reparoissent, & nous lui voyons le double de grandeur pendant une autre partie de sa révolution ; mais sous une forme ovale , à cause de l'entassement de ses vapeurs aux pôles, dont ces régions restent toujours surchargées & absolument offusquées. (*)

Dans ce plus grand développement, la masse de ses vapeurs est si considérable , même sur l'équateur , où elles sont plus raréfiées & ne forment qu'une brume rare , mais profonde , que le choc de la lumière y dessine un *cercle-en-ciel* obscur par l'entassement des vapeurs qui s'y trouvent & qui refoulent en onde épaisse & circulaire autour du point milieu que frappe le Soleil ; ce qui forme l'image d'un globe enchassé dans un anneau oval , plus épais sur les côtés qui sont sur la longueur du diamètre de son équateur que sur les côtés qui posent sur l'axe de rotation.

Quelques ondes plus foibles se répétent encore de distance en distance jusques vers les extrémités de son diamètre équatorial, que nous nommons ses anses , dont la forme finit en ovale ; de même que la chûte d'une pierre dessine des anneaux sur la surface mobile des eaux.

(*) *Roberval* est peut-être le seul Physicien qui ait pensé que c'étoient des vapeurs qui offusquoient & caractérisoient Saturne d'une manière particuliere entre toutes les planetes.

Un globe plus volumineux que Saturne, la planète de *Herſchel*, par exemple, s'enveloppera de
plus de vapeurs encore, & pourra échapper ſouvent à notre vue, ou ne nous paroître que très-
petite ; parce que, indépendamment de ſes pôles,
encore plus recouverts que ceux de Saturne, elle
ne nous montrera peut-être jamais les extrémités
de ſa zone équatoriale, c'eſt-à-dire, ſes anſes ou
quadratures, à cauſe de la trop grande profondeur des brumes rares qui les couvriront ; & il n'y
aura que l'analogie des diſtances comparées, dont
nous parlerons dans la ſuire, qui pourra nous faire
prononcer ſur ſa groſſeur réelle & ſes propor-
portions reſpectives avec les autres planètes.

CHAPITRE IX.

De quelques inégalités dans la marche de la Lune.

LA Lune, toujours ſenſible aux viciſſitudes de condenſation & de raréfaction de notre atmoſphère,
qui ſont les mêmes que celles qui ſe paſſent autour
de Saturne, va plus lentement, lorſque la terre
eſt périhélie, & elle s'approche un peu de la
terre ; parce que notre atmoſphère aqueuſe eſt

dans l'état de fa plus grande condenfation , ainfi
que les feux de la planète dans leur moindre activité. (*)

Au contraire , ce petit aftre accélère fa marche & achève un peu plus vîte fes révolutions
autour de nous , lorfque la planète eft aphélie , &
fon orbite s'agrandit un peu ; parce qu'alors , il
trouve des feux plus dégagés & plus actifs fous lui.

Notre fatellite avance difficilement de fes fizigies (nouvelles & pleines lunes) vers fes quadratures, (premier & dernier quartier) & femble enfuite fe précipiter de fes quadratures, vers
fes fizigies.

Or, il eft aifé d'appercevoir qu'en allant vers
les quadratures, la Lune rencontre des feux de
plus en plus affoiblis & accablés par l'entaffement
des vapeurs humides que le foleil fait inceffamment refouler en onde circulaire autour du point
milieu qu'il éclaire ; tandis qu'au contraire, en
quittant fes quadratures, la Lune s'avance fur des
feux toujours plus dégagés , jufqu'à ce qu'elle arrive en conjonction & en oppofition, où elle
trouve des feux augmentés de tous ceux qui fuient
la preffe des quadratures & des pôles ; c'eft-à-
dire, qui accourent de toute la circonférence du

____

(*) Voyez notre Examen du Syftême de Newton, Art. 9.

globe, pour s'épancher aux deux points intermédiaires & diamétralemenr opposés.

Alors même, ce satellite s'écarte un peu de nous, pour se rapprocher ensuite aux quadratures. C'est ainsi, & par la même cause que la mer s'élève au zénith & au nadir d'un même méridien qui est sous le Soleil, tandis qu'elle se déprime instantanément au zénith & au nadir du méridien qui coupe le premier à angles droits.

Une preuve que les feux de la planète s'épanchent par ces deux points opposés que nous désignons ici, c'est la forte lueur de feu que prend notre satellite dans ses éclipses totales. Je l'ai vu, étant à Rome, comme embrasé à sa surface & teint d'un rouge de sang, lors d'une éclipse totale qui arriva dans la nuit du 18 au 19 de Mars de l'année 1783 ; il a offert le même phénomène lors de son éclipse totale dans la nuit du 3 au 4 Janvier 1787 : & il est incontestable que dans ces circonstances, ainsi que dans les premiers jours elle ne brille que de ses feux condensés avec ceux de la sphère de chaleur qui la supporte, & plus accumulés sur deux points intermédiaires des quadratures & des pôles, que sur les quadratures & les pôles mêmes.

CHAPITRE X.

Différens effets des condensations variées de notre Atmosphère.

L'EXISTENCE de l'immense atmosphère qui enveloppe les planètes, étant bien conftatée par tous les phénomènes précédens, il eft évident que l'afpeét du ciel doit varier felon les changemens de condenfation qu'elle éprouve, foit en différens temps, fous un même climat, foit fous différens climats, dans un même temps.

En effet, on obferve plus difficilement le ciel dans les parties du nord que dans les régions méridionales, ou en hiver qu'en été. Ce qui eft très-fenfible pour les taches de Vénus, de Mars, & pour les queues de comères. J'en citerai un feul exemple. La queue de la comète de 1769 avoit 90 degrés, vue de Cadix; 70, vue de Bologne en Italie ; 40, obfervée à Marfeille ; & 10, aux yeux des Aftronomes de Paris (*).

Cette condenfation de l'atmofphère vers les pôles, eft quelquefois affez forte pour réfléchir la lumière du Soleil fous un nuage rare, encore

------

(*) Voyez Encyclop. art. *Comète*.

transparent

transparent & excessivement élevé ; sur-tout dans la saison la plus froide, c'est à-dire, de la plus grande condensation. C'est ce que nous appelons des aurores boréales ; (*) & il n'y a pas de doute que Jupiter & Saturne n'éprouvent ce phénomène aussi fréquemment que nous le voyons sur terre. (*)

C'est ainsi que dans la saison des grandes chaleurs, ces vapeurs atmosphériques, qui sont quelquefois assez fortes pour répandre une teinte grise à quelque distance, & nous masquer en plein jour l'aspect des montagnes, par un temps sans nuage, venant à réfléchir les rayons du soleil, dans le moment qu'il descend au dessous de notre horizon, prennent une couleur rouge, qui fait voir notre atmosphère comme embrasée.

(*) Il y a quantité d'hypothèses en physique pour expliquer ce phénomène. Les uns croyent que c'est une matière électrique qui sort des pôles de la terre : d'autres le regardent comme des feux phosphoriques qui s'exhalent de terres découvertes de temps en temps par les eaux de la mer. M. de *Mairan* suppose la lumière équatoriale du soleil semblable à une espèce de frange, qui, arrivant jusqu'à nous, s'embarasse dans notre tourbillon atmosphérique, & se fait remarquer dans la partie la moins agitée par la rotation de la planète ; & comme cette frange lumineuse n'arrive que jusqu'à nous, Jupiter & Saturne ne jouissent jamais du même spectacle.

G

Les aurores boréales sont un pronostic sûr de
vents sur terre, puisqu'elles annoncent une condensation de l'atmosphère, qui, par son inéquilibre, doit se rabattre vers nous, & couler par torrens plus ou moins impétueux. Aussi les vents nous
viennent principalement des régions pôlaires où ce
phénomène se produit le plus fréquemment,
parce que c'est là que l'atmosphère aqueuse
de la planète réside en plus grande masse qu'ailleurs (*).

C'est sur ces vicissitudes de condensation des atmosphères des planètes, qu'il faut rejeter les inégales apparitions des satellites de Jupiter & de
Saturne, lesquels paroissent tantôt plus petits, tantôt plus gros les uns que les autres, contre l'ordre
de leurs distances respectives ; les bandes que l'on
voit sur Mars & sur Jupiter allant incessamment
des pôles vers l'équateur, puis de l'équateur aux
pôles ; enfin leurs taches, &c. (**)

Enfin notre manière de voir le Soleil plus gros

____

(*) Tous les autres vents moins constans, viennent d'une surcharge de vapeurs dans l'atmosphère, qui la pressent inégalement dans quelque région, & qui poussent devant elles, avec
impétuosité, le fluide sur lequel elles nagent, comme un vaisseau
fait refouler devant lui l'eau qu'il sillonne.

(**) Encyclopédie, Astronomie de *Lalande*.

en hiver qu'en été, & la Lune plus groffe à l'horizon que dans le milieu du ciel, n'eft exactement
que l'effet d'une atmofphère un peu plus condenfée, qui groffit néceffairement les objets, ainfi
que l'eau élargit les images des corps.

Ceci nous démontre en paffant que la profondeur refpective de l'atmofphère des planètes, devant être comparée avec les denfités refpectives
de l'atmofphère d'une feule & même planère, il
s'enfuit que le Soleil eft vu de toutes les diftances du ciel par les planètes, fous une groffeur
proportionnée à la maffe de vapeurs qu'elles
mettent entre elles & ce flambeau du jour.

Ceci nous démontre encore, que de même que
les images des corps s'amplifient lorfque nous les
obfervons plongés dans un fluide ; de même auffi
les difques de la Lune, de Jupiter & de Saturne,
doivent nous paroître très-élargis, puifque nous ne
voyons ces globes qu'à travers un fluide aériforme
très-profond, dans lequel ils font plongés. Mais n'an-
ticipons rien ; nous reviendrons à cette grande
analogie, lorfque nous aurons comparé toutes
celles qui doivent nous faire prononcer fur les
groffeurs refpectives des planètes & des fatellites
de notre fyftême.

G 2

CHAPITRE XI.

Analogies comparées de tout notre système plané-
taire, qui établissent les grosseurs graduées des
planètes, en raison de leurs distances respectives
du Soleil ; & les grosseurs respectives des satellites,
en raison de leurs distances de leur planète prin-
cipale. Ces premières analogies semblent assigner
6 mille 400 lieues de diamètre à la Terre (*).

LES satellites seuls des planètes peuvent nous
faire estimer les forces mécaniques d'où résulte
toute l'harmonie céleste. Interrogeons les analogies & les rapports qu'ils offrent à comparer, &
nous aurons toutes les proportions de notre systême planétaire.

§. I.

La lune
comparée
avec le 4e.
Satellite de
Jupiter, &
le 5e. Satel.
de Saturne.

La distance apparente du IVe. satellite de Jupiter, (400 milles lieues,) que je nommerai son *sa-*
tellite principal, est à la distance apparente du Ve.
satellite de Saturne, (800 mille lieues), que je nomme aussi son *satellite principal*, dans le rapport de

---

(*) Je dis, *ces premières analogies semblent assigner 6 mille*
400 lieues de diamètre à la Terre, parce que dans le chapitre suivant, je ferai voir que j'ai fait usage ici des distances *apparentes*
des satellites comparés, ce que je rectifierai par d'autres analogies.

1 à 2, ou de 5 à 10, c'est-à-dire, moitié de la distance du satellite de Saturne (*).

Or, le diamètre apparent de Jupiter, (32 mille lieues environ,) comparé au diamètre apparent de Saturne, (64 mille lieues,) étant aussi dans cette même proportion de 1 à 2, ou de 5 à 10; j'infère de cette première analogie, que ces deux *satellites principaux* (je leur conserverai toujours ce nom,) sont des produits proportionnels des masses qui les ont engendrés.

§. II.

La distance apparente de la Lune à la terre (80 mille lieues,) est à celle du satellite principal de Jupiter, comme 1 à 5 ; & à celle du satellite principal de Saturne, comme 1 est à 10.

Donc l'analogie veut que le diamètre de la terre soit aussi comme 1, relativement à celui de

La Terre
a 6 mille
400 lieues
de diam

(*) Dans ce tableau du ciel que je vais tracer, je ferai usage de nombres ronds pour les distances des Satellites & les grosseurs de Jupiter & de Saturne ; afin d'offrir des termes de comparaison plus aisés à saisir. Du reste, ils s'écartent tres-peu des vrais calculs astronomiques, comme par exemple, je donne 64 mille lieues de diamètre à Saturne ; selon M. de *Lalande*, il en a 63 mille 771. Je donne 800 lieues de diamètre à la Lune ; selon M. de *Lalande*, elle en a 752. Je porte le IVe. Satellite de Jupiter à 400 mille lieues de sa planète : M. de *Lalande* le met à 390 mille 538 lieues : ainsi du reste. Voyez notre chap. suivant.

Jupiter qui eſt 5 ; & comme 1 encore, relativement à celui de Saturne qui eſt 10, c'eſt-à-dire,
de 6 mille 400 lieues.

§. III.

Le ſatellite principal de Jupiter & le ſatellite
principal de Saturne ſont à 25 demi-diamètres
de leur planère. Donc la Lune ſera auſſi à 25 demi-diamètres de la terre.

En effer, 25 fois 3 mille 200 lieues, qui ſont
le demi-diamètre de la terre, que l'analogie précédente nous a indiqué, donnent 80 mille lieues,
qui ſont la diſtance apparente de la Lune.

§. IV.

La Lune ſuppoſée à 80 mille lieues d'élévation,
& ſon diamètre apparent de 800 lieues, ce diamètre eſt le 100me. de ſa diſtance. Ainſi les diamètres des trois planètes que nous comparons,
étant déjà proportionnels entre eux, comme on
vient de le voir, [§. II.] les diamètres de nos trois
ſatellites comparés ſuivront la même loi. Ils auront chacun un diamètre le 100me. de leur diſtance, & ſeront entre eux, de même que par
leurs diſtances reſpectives, dans le rapport de 1
à 5 & à 10 ; c'eſt-à-dire, que la Lune ayant
800 lieues de diamètre, le ſatellite principal de

Jupiter en a 4 mille ; & le fatellite principal de Saturne 8 mille.

§. V.

Le diamètre du fatellite de Jupiter, que nos analogies font 5 fois plus grand que celui de la Lune, étant multiplié par 8, me reproduit le diamètre apparent de fa planète, qui eft de 32 mille lieues environ. Le diamètre du fatellite principal de Saturne que nos analogies font dix fois plus grand que celui de la Lune, multiplié par 8, me reproduit encore le diamètre apparent de Saturne, qui eft de 64 mille lieues. Enfin, fi je multiplie le diamètre de la Lune par 8, il me repréfente pour diamètre de la terre les 6 mille 400 lieues que l'analogie lui a déjà précédement affignées, [§. II.] & je retrouve la diftance de 25 demi-diamètres toujours la même pour la diftance apparente de chacun de ces fatellites comparés, relativement à fa planète. Tous ces réfultats font trop uniformes, pour que les analogies ne foient pas juftes. (*)

(*) Tout ce chapitre prouve, comme on voit, que nous avons pris pour terme de comparaifon les 3 Satellites que la nature a mis en rapport les uns avec les autres. Nous parlerons dans la fuite de leurs mouvemens comparés. Nous n'examinons dans ce

§. VI.

Les diſtances & les diamètres de la Lune, du ſatellite principal de Jupiter & du ſatellite principal de Saturne, étant entre'eux comme 1, 5 & 10, il ſuit que les diſtances de ces petites Sphères de différens ſyſtèmes, ſont en raiſon de leurs diamètres. Si cette analogie eſt fortifiée des rapports comparés & apparens des ſatellites d'une même planère, nous pourrons bientôt prononcer ſur les groſſeurs reſpectives des planètes.

§. VII.

TABLEAU des diſtances apparentes des Satellites de Jupiter & de Saturne.

DE JUPITER.		DE SATURNE.		
	lieues.		lieues.	
Du I.	88,000.	Du I.	62,000.	On a leurs diamètres en ôtant deux zéros, ou le 100e. de leurs diſtances.
Du II.	132,000.	Du II.	80,000.	
Du III.	221,000.	Du III.	112,000.	
Du IV.	400,000.	Du IV.	225,000	
		Du V.	800,000.	

Les diamètres que les analogies donnent à ces ſatellites étant le 100me. de leurs diſtances apparentes, vous voyez que dans un même ſyſtème,

moment-ci que leurs diſtances & leurs groſſeurs reſpectives ; parce que c'eſt ſous ce rapport que nous avons conçu ce nouveau ſyſtème, qui fait voir la plus grande harmonie dans toutes les parties du ciel, par une ſeule & grande cauſe.

ils ſont eſpacés en raiſon exacte de leurs diamètres comparés; puiſque le IIe. ſatellite de Jupiter,
par exemple, qui a un peu plus de la moitié du diamètre du ſatellite principal, eſt auſſi à un peu plus
de la moitié de ſa diſtance, & ainſi des autres.
De même ſi vous comparez le IIe. ſatellite de Saturne avec le Ve., vous voyez que le 100me. de leurs
diſtances vous donnant leurs diamètres, la diſtance de ce IIe. ſatellite eſt 10 fois moindre
que celle du ſatellite principal, parce qu'il a 10
fois moins de diamètre.

§. VIII.

Tous les ſatellites d'un même ſyſtême ou de
différens ſyſtèmes comparés entre eux, étant en
raiſon exacte de leurs diſtances & de leurs groſſeurs graduées, il ſuit que les planètes doivent
offrir les mêmes proportions, c'eſt-à-dire, que
Jupiter, qui eſt 5 fois plus gros que la terre, doit être
5 fois plus éloigné du Soleil; & Saturne 10 fois
plus, parce que ſon diamètre eſt décuple du nôtre.
Et telles ſont en effet les diſtances reſpectives de
ces planètes, reconnues par les Aſtronomes.

§. IX.

La diſtance apparente de la lune eſt égale à ſon
diamètre apparent multiplié par 100, ou ce qui

revient au même, à 200 de ses demi-diamètres.

Donc le diamètre de la terre, étant 8 fois celui de la Lune, (d'après nos analogies,) notre distance du Soleil doit être égale à 8 fois celle de la Lune, multipliée par 100 ; & ainsi des planètes de Jupiter & de Saturne.

L'analogie indiquera donc que la terre est à 64 millions de lieues du foyer de chaleur qui la meut. Son diamètre sera le dix millième de sa distance, tandis que celui de la Lune est le 100me. de la sienne propre : ou si vous voulez, la terre sera à 20 mille de ses demi-diamètres du Soleil, & la Lune à 200 de ses demi-diamètres de sa planète.

Ou, ce qui revient encore au même, en mesurant 25 demi-diamètres de la terre sur la distance de son satellite, vous aurez 8 fois 25 demi-diamètres du satellite, sur sa distance à sa planète ; & 800 fois 25 demi-diamètres de la terre sur notre distance au Soleil ; ou 800 fois la distance du satellite pour celle de la planète.

Ainsi, 100 multiplié par lui-même, c'est-à-dire, élevé à son carré, & multiplié ensuite par le diamètre d'une planète quelconque, indique la force par laquelle elle s'équilibre dans le ciel. Et cette force a cette proportion de 100 pour un satellite, & du

carré de 100 pour une planète ; parce que le premier plane toujours ſur une même face , en s'a-
vançant dans ſon orbite ; tandis que la planète ne
décrit ſa circonvolution qu'en ſe roulant ſur elle-
même ; ce qui exige une chaleur motrice bien
plus forte (*).

§ X.

D'après routes ces analogies acquiſes , nous pouvons maintenant déduire les proportions des autres
planètes d'après leurs diſtances optiques & reſpectives , comparées avec celle de la terre.

Nous avons déja indiqué celles de Jupiter & de
Saturne , qui ſont en rapport de 5 & 10 avec
la terre ſuppoſée 1. Ainſi , en prenant encore ce
même terme 1 , pour le diamètre & la diſtance
de la terre , Mercure aura un tiers de ces proportions ; *Venus* ſera en rapport de trois quarts ;
Mars aura une fois & demie la groſſeur & la diſtance de la terre ; & la planète de *Herſchel* qui eſt
ſuppoſée 18 fois environ plus éloignée que nous
du Soleil , ſera auſſi 18 fois plus groſſe que la terre ,

(*) Voyez ci-après chap. 19 , où je fixerai la groſſeur du Soleil
d'après les plus grandes analogies que peut offrir toute l'Aſtronomie comparée , & où j'aſſignerai la cauſe phyſique du mouvement de rotation des planètes , ſi différent du mouvement
uniforme des Satellites.

toutes ces planètes, de même que la terre, me-
furant 20 mille de leurs demi-diamètres fur leurs
diftances.

Nous allons expofer le tableau des groffeurs
graduées des planètes d'après les analogies ci-
deffus, & d'aprés leurs diftances refpectives indiquées par les Aftronomes.

*Diftances refpectives.   Diamètres , ou groffeurs
                          graduées des Planètes.*

La Terre	1.	6,400.	*lieues.*
Mercure 1 tiers.		2,199.	
Vénus 3 quarts.		4,800.	
Mars 1 & demi.		9,600.	
Jupiter	5.	32,000.	
Saturne	10.	64,000.	
Herfchel	18.	115,200.	

On a leurs diftances en ajoutant 4 zéros, ou 20 mille de leurs demi-diamètres.

J'ai déduit mes analogies de 7 grands termes
que j'ai fuppofés les mieux connus dans notre
fyftème planétaire. 1°. La diftance moyenne &
apparente de la Lune, fuppofée à 80 mille lieues.
2°. Son diamètre apparent d'environ 800 lieues.
3°. Le diamètre apparent de Jupiter, de 31 mille
lieues environ. 4°. Son fatellite principal, à une
diftance apparente de 25 demi-diamètres de fa
planète. 5°. Le diamètre apparent de Saturne, ef-

timé 64 mille lieues. 6°. Son ſatellite principal, à
une diſtance apparente de 25 demi-diamètres de
de ſa planète. 7°. Enfin, les diſtances reſpectives
de la terre, de Jupiter, de Saturne, de leurs
trois ſatellites comparés & de toutes les planétes,
reſtées les mêmes après les avoir agrandies &
avoir augmenté le diamètre de la terre.

Eſſayons maintenant de développer & de rectifier l'erreur que je viens de faire ſur le diamètre
de notre globe & les diſtances des planètes.

CHAPITRE XII.

*Correction des erreurs du Chapitre précédent. La
Terre n'a que 3 mille lieues de diamètre.*

Je ne ſuis point ſéduit par toutes les analogies
que je viens de comparer, au point d'exiger que
l'on croie que la terre a un diamètre & une
diſtance tels que je viens de le dire tout à l'heure.
Je penſe, au contraire, qu'il eſt impoſſible que
nous nous trompions ſur la meſure de la terre, ſur
notre diſtance du ſoleil, & ſur celle des autres
planètes, parce que nous habitons le centre de

notre atmosphère ; ce qui ne peut nous causer aucune illusion, quant à ces mesures prises sur les espaces célestes. Voici sur quoi je fonde mon raisonnement.

J'ai dit, en parlant de la rotation des planètes, que leurs circonvolutions dépendoient immédiatement de ce premier mouvement, & que c'étoit en se roulant sur leurs atmosphères, qu'elles avançoient dans leurs orbites. Ainsi la circonférence atmosphérique de la terre, (pour ne citer ici que ce globe, nous réservant de prononcer sur le nombre des rotations des autres planètes dans les Chapitres suivans) ainsi la circonférence atmosphérique de la terre, dis-je, dont le nombre des rotations nous est tres-connu, ne peut pas être moindre du 365me. de son orbite. Si donc vous prenez 6 fois sa distance, qui vous donnera son orbite , & que vous divisiez le dernier nombre par 365 (ne donnant plus que trois mille lieues de diamètre à la terre, ses vingt mille demi-diamètres ne portent plus qu'à 30 millions de lieues sa distance du soleil) vous avez environ 82 mille 250 lieues pour la hauteur de l'océan de vapeurs bleues & rares, qui, répandues autour de nous par la forte chaleur de la planète, constituent

le rayon de notre atmosphère (*) ; vous avez près
de 500 mille lieues de circonférence atmosphérique, qui nous représentent à peu près l'espace
que le centre de la planète parcourt dans le ciel
en un jour, en se roulant une seule fois sur elle-
même ; & vous n'avez plus cette monstrueuse
disparate d'une circonférence de 9 mille lieues de
tour, qui porte la planète, à chacune de ses rora-
tions, à 500 mille lieues plus loin dans le ciel ; enfin
vous voyez que ce n'est plus par un mouvement
absolument arbitraire ou magique, si j'ose le dire,
que la planète avance dans son orbite qui est immense, en ne tournant que 365 fois sur elle-même.

Tel est le premier & grand appareil que la nature a mis devant nos foibles yeux, pour nous aider
à contempler les merveilles du ciel. Or ; je pense
que de même que l'Astronome fortifie & rectifie
sa vue par les plus longs instrumens d'optique pour
observer le ciel ; de même aussi la nature a per-
fectionné nos moyens de voir par cet immense

____

(*) Je n'ai égard dans ce moment-ci qu'à la distance de la
Terre à la surface du Soleil ; j'assignerai plus loin, en parlant du
diamètre de cet astre, une circonférence & un rayon atmosphériques bien plus considérables aux planètes, parce que le rayon
de leurs orbites doit être pris du centre du Soleil.

échafaudage qui appuie , conduit & dirige notre rayon vifuel jufqu'aux confins du domaine de notre planète : fans quoi notre œil s'égareroit & ne pourroit jouir d'une grande partie du fpectacle qui nous environne.

Si ce conducteur de notre vue étoit fautif , il le feroit fans doute effentiellement , & nous ferions depuis long-temps voués à une erreur de réfraction , que nos analogies auroient enfin révélée & rectifiée.

Mais peut-on imaginer une erreur de réfraction auffi forte que ces analogies la fuppoferoient ? Cette erreur , régulière , à la vérité , feroit plus que double d'un feizième , relativement au diamètre de la terre & aux diftances des planètes ; ce qu'on ne peut par raifonnablement fuppofer , fur-tout fi l'on fait attention que les réfractions comparées & connues , telles que l'élévation de l'image du foleil au niveau de l'horizon , avant que cet aftre y foit parvenu , ou fa difparition un peu retardée , lorfqu'à fon coucher il eft déjà au deffous de l'horizon , l'écartement des étoiles entre elles & par rapport à la terre , un peu moindre en été qu'en hiver , ou au nord qu'au midi , les difques du Soleil & de la Lune un peu plus larges

en

en hiver, qu'en été, ou aux pôles, que fous la ligne : fi l'on fait attention, dis-je, que ces différences de réfractions comparées font fi petites, qu'elles ne peuvent donner lieu à des conféquences abfolument neuves & étrangères aux foibles analogies dont elles feroient déduites (*).

Un fluide environnant peut fans doute augmenter l'image d'un corps qui y eft plongé, fi on l'obferve hors de ce fluide; mais fi l'œil eft pofé au centre de ce fluide & à la furface même du corps, l'illufion ceffe néceffairement.

Nos analogies ont donc créé une erreur auffi utile que régulière, qui va nous révéler la vérité en nous prouvant trois chofes. La première,

(*) La diftance des aftres qui doit croître du midi au nord, de même que les difques de la Lune & du Soleil croiffent & s'élargiffent de l'été à l'hiver, du méridien à l'horizon, ou de la zone torride aux régions polaires, eft donc un effet néceffaire de notre atmofphère inégalement condenfée dans ces différentes régions, & non celui d'une forme ellipfoïde de la planète à pôles allongés, ou à équateur relevé, (Voyez notre examen du Syftème de *Newton*, Art. X, figure de la Terre). Ce n'eft donc pas non plus une forme bizarre & particulière du globe, qui fait que les arcs qui mefurent les degrés du méridien de l'équateur aux pôles, vont toujours en s'agrandiffant : mais c'eft l'effet phyfique & néceffaire d'une atmofphère, qui fe condenfant graduellement, nous fait voir les étoiles plus écartées les unes des autres, ou les aftres fous des formes plus grandes, &c.

que les planètes ſont enveloppées d'une atmoſphère aériforme d'une immenſe étendue , & que c'eſt à la faveur de ce fluide environnant que nous voyons plus que doubles d'un ſeizième , les diſques de Jupiter , de Saturne & de la Lune , ainſi que les diſtances de ce dernier ſatellite & de tous les ſatellites de Jupiter & de Saturne (*).

Vous vous convaincrez de ce fait par une expérience bien facile. Si vous ſuspendez une balle d'un pouce de diamètre au milieu d'un grand bocal de verre de forme cylindrique & plein d'eau, vous verrez en petit le phénomène que la nature opére en grand avec de grands moyens

(*) Ce raiſonnement eſt exact , car les analogies du chapitre précédent démontrent rigoureuſement , ou que les diſques de Jupiter , de ſaturne , de la Lune , les diſtances des Satellites de ces planétes , du nôtre même , ſont tels que nous les voyons , & pour lors la Terre a 6 mille 400 lieues de diamètre , & ſa diſtance , ainſi que celle de toutes les autres planètes , eſt plus que double d'un ſeizieme environ de ce que nous les voyons : ou il conſte que les diſques de Jupiter , de Saturne , de la Lune , les diſtances des Satellites de ces planétes , ainſi que celle du nôtre , ſont plus que doubles d'un ſeizième *en apparence* , & pour lors la Terre n'a que 3 mille lieues de diamètre , & toutes les diſtances reſpectives & réelles des planètes ſont telles que nous les connoiſſons , & il n'y a plus que celles des Satellites qui changent , par la même raiſon qui nous autoriſe à diminuer les diamètres de leur planète.

bien proportionnés : fon image fera très-ampli-
fiée, ainfi que l'eft celle des globes que nous regardons plongés dans leurs atmofphères. Si vous
fufpendez enfuite dans ce même bocal deux balles
que vous écarterez à volonté l'une de l'autre, vous
verrez conftamment que leur diftance figurée
exagère toujours de beaucoup fur leur diftance
réelle ; ce qui nous indique la caufe du trop
grand écartement de la Lune & de tous les fatellites de Jupiter & de Saturne.

Enfin, fi vous remarquez que l'agrandiffement
des difques de Jupiter, de Saturne, de la Lune
& des diftances des fatellites de nos trois planètes
comparées, eft plus que double d'un 16me. environ,
c'eft que le féjour des fatellites dans l'atmofphère de leur planète, y ajoute quelque chofe
par leur atmofphère propre (*).

Voilà la caufe phyfique de l'erreur volontaire
que nous avons faite dans le chapitre précédent fur
le diamètre de la Terre & les diftances réelles des
planètes ; en partant des diftances & des diamètres apparens de tous les fatellites que nous avons

---

(*) Tout concourt, jufqu'à la lumière même que réfléchiffent
les planètes, à en agrandir les images, comme on peut s'en
convaincre par les différentes phafes de la Lune.

comparés, & des diamètres apparens de Jupiter & de Saturne (*).

Vous objecterez ſans doute, que les groſſeurs de Mercure, de Vénus & de Mars, qui ſont environnés de même de leurs atmoſphères, ne nous laiſſent point voir des diſques agrandis au-delà de leur meſure.

Mais vous obſerverez. 1°, que ces trois planètes n'offrent pas des rapports auſſi parfaits de diſtance, que Jupiter & Saturne. Mercure eſt éloigné du Soleil d'un tiers de notre diſtance ; Vénus eſt aux trois quarts ; & Mars a une fois & demie cette même diſtance ; ce qui fait autant de frac-

---

(*) C'eſt donc en partie pour avoir méconnu nos immenſes atmoſphères, & l'illuſion optique qu'elles doivent néceſſairement cauſer ſur les groſſeurs & les diſtances des corps qui y ſont plongés, que les Newtoniens ont recouru à l'hypothèſe des denſités, & ont atténué les maſſes des plus groſſes planètes, parce qu'ils apprécioient leurs volumes d'après leurs diamètres apparens.

Cette erreur, jointe aux Satellites (la Lune & le 1er. Satel. de Jupiter) qu'ils ont comparés par des diſtances égales, au lieu de rechercher des diſtances reſpectives, (Voyez chap. précédent) ne pouvoit que les jeter dans un labyrinthe de problêmes inſolubles, dans une intempérance de calcul, ſi j'oſe m'exprimer ainſi, dont les réſultats devoient être toujours diſcordant, & les empêcher de mettre de l'uniformité dans leur ſyſtême, ou de prononcer ſur les denſités ſpécifiques qu'ils ont tenté juſqu'à préſent d'aſſigner à la Lune, au Soleil, à Jupiter, à Saturne & à leurs Satellites, &c. &c.

tions de proportions qui nuifent à l'obfervation
de ces planètes. Ainfi, en optique comme en mé-
lodie, les fens ne jouiffent point, lorfqu'ils font
affectés par des proportions *extra-harmoniques*, ou
des fractions de proportions.

2°. Vous obferverez encore que Mercure, qui
fe confond fi fort avec les rayons du Soleil,
nous paroît à très-peu près tel qu'il eft dans la
réalité; que Venus nous offre un difque agrandi
d'un cinquième & demi au-deffus de la groffeur
réelle que l'analogie donne à cette planète,
comme on pourra le voir en comparant le
tableau que nous allons donner, avec celui
du chapitre précédent. Que Mars enfin, le plus
défavantageufement placé, par rapport à nous,
& peut-être trop près, eft auffi le feul qui foit
le plus défavantageufement vu, puifque fon
diamètre eft eftimé de la moitié moindre que
celui de Vénus. Je dis, *peut-être trop près de nous*,
parce que je ne doute nullement que les bons
inftrumens d'optique dont nous nous fervons pour
obferver cette planète, ne concourent à nous
la montrer fous une forme fi difproportionné-
ment circonfcrite en raifon de fa diftance refpective avec les autres planètes; parce qu'ils

épaiffiffent les vapeurs atmofphériques dont elle eft enveloppée ; ce qui fait que nous la voyons toujours rougeâtre , nébuleufe & plus obfcure que toutes les autres planètes (*). C'eft ainfi que fur terre , un objet très-écarté , qui fe diftingue cependant affez bien à l'œil nu , difparoît au télefcope , ou ne paroît que très-obfcurément , parce que cet inftrument groffit trop les vapeurs de notre atmofphère.

Une autre objection plus forte , eft celle qu'on peut former fur la diftance apparente & exagé-rée de la Lune , qui paroît à très-peu près élevée à la hauteur de notre atmofphère , telle que nous venons de l'affigner plus haut. Mais vous obfer-verez que de même qu'un corps plongé dans l'eau , & que nous regardons de haut en bas , c'eft-à-dire , au-deffous de nous , paroît très-rapproché de la furface du fluide ; de même , fi nous fixons de bas en haut la vue fur un objet déjà exhauffé

(*) C'eft pourquoi nous ne voyons pas fon fatellite , (Voyez chap. 20) & par la même raifon nous ne verrons jamais ce qui fe paffe à la furface immédiate de la Lune , quoique très-près de nous , ni les êtres qui la peuplent , parce que nos inftrumens d'optique épaiffiffant les vapeurs qu'exhale cette petite planète , elles formeront toujours un voile impénétrable à notre curiofité. (Encyclop. art. Mars & Mercure).

à une hauteur inſolite, ſon image doit fuir encore, parce qu'elle eſt ſoulevée par la chaleur
de la planète qui fuit & s'exhale dans ce ſens.
C'eſt par ce même mécaniſme qu'un corps plongé
dans l'eau, paroît élargi & relevé avec le fond
ſur lequel il poſe ; & c'eſt ainſi que les ſons s'é-
lèvent & s'étendent toujours.

Secondement, mes analogies prouvent encore,
que l'atmoſphére des planètes qui élargit leurs
images, leur ſert à voir le Soleil en même proportion que nous. C'eſt-à-dire, que Jupiter voit
le Soleil 5 fois plus grand & Saturne 10 fois ;
parce que leurs atmoſphères embraſſent mieux
cette image, en lui offrant un objectif moins circonſcrit, ou une convexité moindre que la nôtre,
en raiſon de leur plus grand développement.

Troiſiémement enfin, mes analogies prouvent
rigoureuſement, que notre ſyſtéme planétaire a
toutes les mêmes proportions reſpectives de groſſeurs graduées & de diſtances que nous avons
indiquées dans le chapitre précédent. En voici le
tableau plus correct d'après le diamètre de la
terre qui eſt de 3 mille lieues ſeulement ; ce qui
nous ſervira de terme de comparaiſon pour toutes
les planètes, auxquelles nous laiſſons invariable-

ment leurs distances optiques réelles & respectives, telles qu'elles sont connues & assignées par les Astronomes ; n'étant autorisés par tout ce que nous venons de dire, qu'à diminuer les diamètres apparens & les distances apparentes de la Lune & des satellites de Jupiter & de Saturne, ainsi que les diamètres apparens de ces deux planètes.

TABLEAU des grosseurs graduées & réelles des Planètes, & de leurs distances vraies & respectives d'après toutes nos analogies.

DISTANCES RESPECTIVES.　DIAMETRES OU GROSSEURS GRADUÉES DES PLANETES.

La Terre	1.	3 mille.	*lieues.*
Mercure	1 tiers.	mille.	
Vénus	3 quarts.	2 , 250.	*On a leurs distances*
Mars	1 & demi.	4 , 500.	*en ajoutant 4 zéros, ou*
Jupiter	5.	15 mille.	*20 mille demi-diamètres*
Saturne	10.	30 mille.	*à leurs diamètres.*
Herschel	18.	54 mille.	

DIAM. de la LUNE 375 lieues, le 8me. de celui de la Terre, & à 25 de ses demi-diamètres.

DIAM. DES SATEL.　DIAMETRES DES SATELLITES
DE JUPITER.　　DE SATURNE.

I.	440. *l.*	I.	310. *l.*	*On a leurs*
II.	660.	II.	400.	*distances en a-*
III.	1 , 105.	III.	560.	*joutant 2 zéros*
IV.	1 , 875.	IV.	1,125.	*ou 200 demi-*
(*).		V.	3,750.	*diamètres à leurs diam.*

(*) Ce dernier Satellite de Jupiter, & le Ve. de Saturne, ont

Maintenant, ſi je démontre l'influence réciproque d'accélération de mouvement des planètes ſur
leurs ſatellites & des ſatellites ſur leur planète
principale, en ſuivant conſtamment les termes
de groſſeurs reſpectives que je viens de fixer ſur
ce tableau, j'aurai prouvé que les diſtances des
planètes & des ſatellites de leur foyer de mouvement, ſont en raiſon de leurs groſſeurs graduées ; j'aurai démontré que tous les corps planétaires n'ont qu'une même denſité : enfin j'aurai
conſtaté l'exiſtence du grand & vrai mobile des
cieux.

de diamètre, le 8me, de celui de leur planète, & ſont à 25 de ſes
demi-diamètres.

J'ai partagé par moirié les diſtances apparentes des trois Satellites inférieurs de Jupiter & des quatre Satellites inférieurs de
Saturne, pour aſſigner leurs diamètres quoiqu'elles duſſent être
diminuées d'un ſeizième de plus environ, ce qui peut ſe négliger
ici.

CHAPITRE XIII.

*La Lune décrit fon orbite beaucoup plus vîte qu'elle
ne devroit. Influences réciproques de la Lune fur
la Terre, & de la Terre fur la Lune, en accélération de mouvement. Leur attraction fe décèle
par leurs mouvemens comparés, & révèle elle-
même la loi de fon action mutuelle entre ces
deux globes. Inductions générales & rigoureufes
de cette nouvelle découverte.*

UNE des plus fortes perturbations de la Lune
eft de décrire fon orbite plus vîte qu'elle ne
devroit. On s'apperçoit de cette irrégularité en
obfervant le progrès de l'apogée de ce fatellite,
par lequel il fe trouve conftamment, après chaque
révolution, bien au-delà du point d'où il eft
parti précédemment pour décrire fa dernière
orbite autour de la terre.

La caufe de ce phénomène eft fenfible par tout
ce que nous avons dit jufqu'à préfent. C'eft une
fphère de chaleur enveloppée dans une autre
fphère de chaleur, & qui augmentant mutuellement l'activité de leurs feux, doivent réciproquement accélérer leurs mouvemens.

Je dis *réciproquemeut*, car quoiqu'on n'ait pas encore foupçonné l'accélération du mouvement de la terre, & les rotations qu'elle fait de plus qu'elle ne devroit ; c'eft cependant un fait conftant & dépendant de la même caufe qui accélère le mouvement de la Lune, à qui la terre fait faire plus de révolutions & en de plus petits temps que ce fatellite ne devroit les achever. Développons la folution de ce grand problême.

§. I.

Nous devons regarder notre fatellite comme un corps étranger dont la chaleur atmofphérique augmente & fortifie les feux de la terre, qui déjà feroit agitée, par fa chaleur propre, d'un mouvement de rotation & de circonvolution autour du Soleil.

§. II.

Si nous parvenons à évaluer l'influence de ce fatellite fur les feux atmofphériques de fa planète, nous parviendrons à connoître de combien le mouvement de la terre eft accéléré ; & en même tems de combien cette augmentation de chaleur de la planète, influant fur le mouvement du fatellite, doit l'accélérer lui-même.

§. III.

Nous devons encore regarder comme une cauſe étrangère au mouvement du ſatellite, cette augmentation de chaleur qu'il porte dans l'atmoſphère de ſa planète, & qui refluant ſur lui-même, l'agite beaucoup plus vîte; parce que la terre a déjà toute la puiſſance qu'il faut, pour le mouvoir par ſa chaleur propre autour d'elle-même.

§. IV.

La Lune devroit ne faire que 8 révolut.

Il eſt déjà aiſé d'appercevoir que ſi la Lune ſe mouvoit uniquement par la chaleur de ſa planète, ſans augmentation quelconque, ſon diamètre étant le huitième de celui de la terre, & les mouvemens devant être en raiſon des maſſes comparées par leurs diamètres, (parce que toutes les analogies que nous avons rapprochées juſqu'à préſent, ont ſuivi les mêmes termes) elle ne feroit que 8 révolutions pendant une circonvolution entière de la terre. Ce ſatellite en fait 13 & quelque choſe d'une quatorzième; ſon mouvement eſt donc très-accéléré.

§. V.

Cauſe des 5 révolut. & plus que la Lune fait de trop.

Mais la chaleur de la planète qui ſuſpend, balance & agite ſon ſatellite, a quelque choſe de plus que 8 degrés de force pour lui faire décrire 8 révolutions, pendant qu'elle n'en fait qu'une autour du Soleil; parce que ce petit globe de chaleur fortifie les feux de ſa planète. Or, de combien les augmente-t-il?

§. VI.

La terre a une puiſſance comme 8 pour agiter ſon ſatellite, parce qu'elle a 8 fois ſon diamètre. Le ſatellite n'a que le huitième du diamètre de ſa planète, & de force, qu'un huitième pour l'agiter : nous avons donc un rapport de 8 diviſé par 8; ou de 8 à 64, ce qui établit une augmentation de chaleur dans l'atmoſphère de la planète, en raiſon inverſe du carré du diamètre du ſatellite.

§. VII.

La terre ſera donc agitée d'un ſoixante-quatrième de chaleur de plus qu'elle ne devroit être, par l'influence du ſatellite qui réſide dans ſon atmoſphère & qui en augmente la chaleur. Elle ajoutera donc une 64me. portion de temps au temps de ſa révolution entière. Et cette 64me. quantité de temps, répartie ſur elle par portions égales & partielles à chaque révolution du ſatellite, ſera reportée ſur lui-même à chaque rotation de la terre; parce que chaque fois que la terre tournera ſur elle-même, elle ſe ſaiſira de toute

l'influence partielle qui doit provenir du fatellite,
lorfqu'il tourne une fois autour d'elle. (*)

§. VIII.

Ce 64me.
eft de 136
heures 58
min.

La terre, par chacune de fes révolutions com-
plètes autour du Soleil, fait 365 rotations un
quart en 8 mille 766 heures de temps, dont
le 64me. eft de 136 heures 58 minutes, qui font
l'accélération totale que notre fatellite apporte
à fa planète.

C'eft-à-dire, que la terre feroit, de fon propre
mouvement, 359 rotations 13 heures & quelque
petite chofe : & que le fatellite lui fait faire
tout le furplus de ce qu'il faut pour qu'elle en
faffe 365 un quart. Quelle eft maintenant la part
d'accélération que le fatellite apporte par chacune
de fes révolutions, à la planète?

§. IX.

A raifon
de 10 h. 15
m. par ré-
volut. de la
Lune.

La Lune fait 13 révolutions un tiers & quelque chofe par an autour de la terre. L'accélération de mouvement que ce fatellite apporte à

(*) La chaleur de la Terre étant augmentée d'un foixante-qua-
triéme, elle ajoutera cette proportion à fa diftance du foleil, &
fon Satellite fera auffi un peu plus écarté par la même caufe.
Nous reviendrons fur cet objet quand nous aurons affigné le
vrai diamétre du Soleil, chap. 19.

ſa planète par chacune de ſes révolutions individuelles, ſera donc de 10 heures 15 minutes;
puiſque cette quantité partielle de temps, multipliée par les révolurions de la Lune, donne 136
heures 58 minutes, qui ſont le ſoixante-quatrième
d'une circonvolution annuelle de la terre.

§. X.

La terre a primitivement action ſur le mouvement de ſon ſatellite comme 8. Ainſi elle ne
peut lui répartir, par chacune de ſes rotations,
que le ſurplus d'augmentation de chaleur &
de mouvement qui provient de l'influence du
ſatellite même, par chacune de ſes révolutions
individuelles.

La Terre
accelère
d'autant la
Lune par
chaque ro-
tation.

Chaque révolution de la Lune accélère la
terre de 10 heures 15 minutes; donc, chaque
rotation de la terre reporte en accélération de
mouvement ſur ſon ſatellite, cette même quantité partielle de temps.

Comparons maintenant les révolutions de la
Lune avec l'accélération indiquée.

§ XI.

8 Lunes de 27 jours 7 heures 43 minutes, que
notre ſatellite emploie à chaque révolution,
ſont 218 jours 13 heures 44 minutes; & il reſte

Cette ac-
célération
eſt trop
forte d'un
quart.

d'accélération réelle du mouvement de la Lune de la part de ſa planète, *146 jours 16 heures 16 minutes*, qui eſt le nombre précis que nous cherchons.

Or, en multipliant 10 heures 15 minutes par 365 rotations un quart, on a 155 jours 23 heures 48 minutes; accélération trop forte, qui ſe trouve excéder l'accélération réelle (146 jours 16 heures 16 minutes) d'un 16me.environ, c'eſt-à-dire, de 9 jours 7 heures 32 minutes.

§. XII.

Erreur
d'un quart
ſur l'accé-
lération de
la Terre de
la part de la
Lune.

S'il ſe trouve un 16me. de trop d'accélération de mouvement, quant à l'influence de la terre ſur la Lune, il faut que j'aie fait erreur d'un 16me. de trop auſſi, en calculant l'influence du ſatellite ſur ſa planète ; car cette erreur eſt indiquée par la première. D'où provient elle ?

§. XIII.

Loi de
l'attraction

Cette erreur provient de ce que j'ai calculé rigoureuſement les influences réciproques de mouvement de nos deux globes planétaires, ſans avoir égard au retard que leur attraction mutuelle apporte néceſſairement à l'action de l'un ſur l'autre.

En effet, s'il n'y avoit que de l'impuſion dans le ciel, & une néceſſité aveugle ou indéfiniſſable

qui

qui fixât un fatellite dans le voifinage de notre
planète; la chaleur accéléreroit le mouvement
de ces deux globes, comme nous venons de le
dire, en raifon réciproque d'un foixante-qua-
trième.

Mais dans le fait, ils ne s'accélèrent que d'un
64me. moins un 16me. c'eft-à-dire, moins un quart
du nombre qui indique le rapport de leur influence mutuelle en accélération de mouvement.

Voilà donc *l'attraction* qui fe décèle & qui nous
révèle elle-même la loi par laquelle elle agit fur les
corps planétaires; *& CETTE LOI EST LE QUART
DE CELLE QUI FIXE LES MOUVEMENS.*

Examinons le principe de l'attraction.

§. XIV.

La Lune & la Terre forment un feul & même
enfemble de fyftème par leur attraction mutuelle.
La Terre, comme nous avons dit dans le chapitre
IX du livre Ier., attire la Lune, parce que fa
chaleur centrale, en afpirant une partie de l'atmofphère de ce fatellite, entraîne vers elle le
petit globe qui en eft le foyer, & le fixe près
d'elle. La Lune attire la Terre, parce que fa
chaleur centrale, en afpirant une partie de l'atmofphère de fa planète, entraîne, autant qu'elle

Enfemble
de Syftème
de la Lune
& de la
Terre.

I

peut, vers elle ce globe qui en est le foyer &
le retient près d'elle; & comme ces deux
sphères exhalent leur chaleur au dehors en
raison de leur forte aspiration, la même cause les
lie l'une à l'autre & les tient écartées.

La force qui lie ces deux globes, tend par
conséquent à les fixer, à arrêter leur mouvement.
C'est donc par la plus juste des mécaniques, que
l'attraction n'est que le quart de l'impulsion; parce
qu'il faut à chaque instant résister & surmonter
cette tendance de fixation de mouvement & de
réunion des corps. Et l'on concevra sans doute
facilement, qu'il ne faut d'attraction qu'en cette
proportion, parce qu'il ne s'agit pas ici de forces
centrifuges qui tendent à écarter du centre de
mouvement, des corps qui tournent circulairement.

En effet, on a faussement comparé la circonvolution de la terre autour du Soleil, & la
révolution de la Lune autour de sa planète, au
mouvement d'une pierre agitée dans une fronde,
dont les liens représentent l'attraction qui force
le corps mu à décrire un cercle autour de la
main qui l'agite.

Les planètes & les satellites n'exécutent point
leurs révolutions circulaires par une force cen-
trifuge qui tend à les écarter de leur foyer

de mouvement; mais ces globes reposent &
s'appuient continuellement sur des feux vecteurs
qui les supportent, sur des léviers forts, perpétuellement renouvelés, universellement distri-
bués dans les espaces célestes, & aussi puissans
que le Feu, le plus grand agent de la nature, peut
les leur substituer, à mesure que leurs efforts
propres les portent plus loin. C'est ainsi que la
lave brûlante & embrasée au sortir d'un volcan,
se promène sur terre par la forte chaleur qu'elle
condense sous elle. Et comme la quantité de
force & de mouvement des planètes est toujours
la même, elles ne s'écartent jamais davantage de
leur pivot de mouvement, parce que nous devons
faire abstraction de leur mouvement circulaire,
lequel n'est, dans la réalité, que l'image d'un
progrès toujours en avant, qui les porteroit en
ligne droite sur une immense surface absolument
plane, ainsi qu'illes porte sur cette même
surface qui est convexe.

Si ces raisonnemens sont bien saisis; si l'on
conçoit que l'attraction n'est plus une force immense qui retient les planètes dans un mouvement circulaire, dont elles tendent à s'écarter,
comme la corde retient la pierre qui tourne

dans une fronde; fi l'on veut convenir qu'une attraction, qui ne fe compare à aucune caufe phyfique, eft un mot vide de fens; fi, au contraire, l'on conçoit bien la caufe phyfique que nous donnons de l'attraction & de l'impulfion fimultanées des planètes, nous pourrons être entendus lorfque nous prononcerons que *l'attraction eft en raifon du quart des mouvemens.*

Nous allons achever de développer ce principe, en affignant à la Terre & à la Lune leur influence réelle & réciproque d'accélération de mouvement.

§. XV.

Nous avons trouvé, 1°. que l'influence totale d'un 64me. de la part de la Lune, en accélération de mouvement de la Terre, étoit de 136 heures 58 minutes, à raifon de 10 heures 15 minutes par chacune de fes révolutions autour de fa planète. Nous avons découvert en fecond lieu, en reportant cette même quantité partielle de temps, en accélération de mouvement de la Lune par chaque rotation de la planète, qu'elle donnoit un excédant d'un 16me. à l'accélération réelle de la Lune, & nous avons conclu qu'il falloit déduire un 16me. ou le quart, du 64me. d'influence d'accélération de la Lune fur la Terre.

§. XVI.

Ainſi ôtez un ſeizième de 136 heures 58 minutes, c'eſt-à-dire, 8 heures 33 minutes, il reſte 128 heures 25 minutes, qui font *cinq rotations un tiers & quelque choſe, dont la Lune accélère réellement la Terre, à raiſon de 9 heures 38 minutes 18 ſecondes par chacune de ſes révolutions autour de ſa planète.*

Enſorte qu'il reſte de mouvement propre à la terre, indépendamment de ſon ſatellite, 359 rotations 21 heures 35 minutes; c'eſt-à-dire, près de 360 rotations.

§. XVII.

Et ſi vous multipliez enſuite cette même quantité partielle de temps pour l'influence de la Terre ſur ſon ſatellite, par 365 rotations un quart, vous avez 146 *jours* 16 *heures* 23 *minutes;* (nombre précis que nous cherchons, §II.) ou *cinq révolutions un tiers & quelque choſe, qui font l'accélération vraie & totale de la Lune, de la part de la terre, à raiſon de 9 heures 38 minutes 18 ſecondes par rotation* (*).

(*) Ces 9 h. 38 m. 18 ſecondes d'accélération de la Lune par chaque rotation de la Terre, ſont le terme moyen de l'influence totale de la planète ſur ſon ſatellite; car il eſt évident que cette accélération eſt ſouvent plus forte, & ſouvent plus foible, ſelon

Voilà, ſans doute, les rapports les plus rapprochés que les analogies de toute l'aſtronomie comparé puiſſent produire. Qu'elles en ſont les conséquences ? (*).

les différentes ſituations de la Lune en conjonction & en oppoſition, ou en quadrature.

(*) Je dis, *les rapports les plus rapprochés*, & non pas les plus parfaits, parce qu'il y a dans le calcul une petite différence de 7 à 8 minutes ſur 3 mille 520 heures 16 min. & que pour plus d'exactitude, il faudroit calculer une révolution entière de l'apogée de la Lune, qui eſt de 8 ans 311 jours, 8 h. 34 min. 47 ſecondes ; ce qui ſeroit long & compliqué. Je ne m'occupe eſſentiellement, dans cette théorie du Mécaniſme de la Nature, que des forces motrices des planètes, d'après leſquelles j'indique aux Phyſiciens, plus pour les conſulter que pour les inſtruire, une nouvelle manière de voir le ſyſtème du monde, & la méthode par laquelle il me ſemble que l'on peut rétablir des principes uniformes en phyſique, & l'harmonie dans l'enſemble de notre ſyſtème planétaire.

SUITE DU CHAPITRE XIII.

Conféquences des rapports qui y font établis.

I. LA Terre ayant primitivement action comme 8 fur le mouvement de fon fatellite, à qui elle fait décrire effectivement 8 révolutions, il faut concevoir que c'eft y compris fon attraction; laquelle étant inféparable de fon impulfion, eft le quart de cette dernière puiffance. C'eft-à-dire, qu'elle le retient comme 2, en l'agitant d'une force comme 8. En forte que fi cette attraction étoit convertie en action de mouvement de la part de la Terre fur la Lune, ce fatellite feroit 10 révolutions, aulieu de 8 feulement. Il n'en exécute donc que ce dernier nombre précis, parce que l'impulfion & l'attraction par chaleur de notre planète, fe combinent fi parfaitement, qu'elles ne peuvent produire qu'un effet juftement proportionnel à fon diamètre comparé avec celui de fon fatellite.

II. l'attraction n'eft point en raifon réciproque des maffes. La Terre n'attire pas la Lune de toutes fa maffe, mais en raifon de la maffe même de la Lune; parce que la planète ne peut avoir plus de priſe ſur ſon ſatellite, que celui-ci ne lui en offre, ou qu'il n'en a lui même par ſa groſſeur; l'attraction par chaleur centrale étant une force aſpirante verticale, qui ne s'attache qu'à la ſurface même de l'objet qui peut ſe prêter à ſon action. C'eſt ce qui fait que ſur Terre, les petits corps légers ſont bien moins attirés que les plus gros, leſquels, toutes choſes égales d'ailleurs, ſont plus graves.

III. le Soleil n'a aucune influence ſur la Lune, & par conſéquent ſur aucun ſatellite des différentes p'anètes.

IV. les planètes n'ont aucune influence réciproque entre elles. Tous leurs mouvemens dépendent immédiatement du Soleil & de quelques altérations qu'y apporte leur Satellite principal; comme les Satellites ſont excluſivement régis par leur planète.

V. Chaque planète forme un ſyſtême particulier entre elle & ſes Satellites, ainſi qu'entre elle & le Soleil, excluſivement à tout autre globe qui circule dans les cieux. Ainſi l'attraction & l'impulſion ne ſont point des forces vagues, ayant indifféremment action d'une ſeule maſſe ſur toutes les autres maſſes céleſtes; mais elles ſont ſimplement réciproques dans chaque ſyſtême ndividuel, tels que nous venons de les aſſigner.

VI. le Soleil n'attire pas plus la Terre, que la Terre ne l'attire lui même. Parceque l'attraction de cet aftre, laquelle à la vérité, eft immenfe, puifqu'elle embraffe tout le ciel, eft bornée à l'aire qu'occupe notre planète dans les efpaces céleftes. Si le Soleil attiroit de toute fa maffe une planète quelconque, il la rappeleroit puiffamment à lui & feroit ceffer fon mouvement. Il l'agite donc plus qu'il ne l'attire. Mais il ne l'agite pas non plus en raifon de fon énorme maffe. Parce que celle-ci circonfcrit ces immenfes moyens par l'efpace plus ou moins grand qu'elle occupe dans le ciel.

Ainfi l'attraction & l'impulfion provenant d'un plus gros globe fur un plus petit, comme entre le Soleil, par exemple, & une planète, ou entre une planète & un de fes fatellites, font en raifon réciproque de l'action du plus petit fur le plus gros.

C'eft ainfi que les plus petites planètes, avoifinant le Soleil de plus près, échappent à l'incendie que pourroit leur caufer ce foyer d'embrafement, non par une augmentation de denfité, qui ne réfifteroit pas long-temps à fon action toujours foutenue, mais en lui préfentant graduellement un plus petit diamètre, ou une furface plus circonfcrite, plus convexe, qui pare plus efficacement à fon choc.

VII. Cependant il y a cette différence entre l'influence de mouvement d'un ſatellite ſur ſa planète, & l'influence de mouvement d'une planète ſur le Soleil ; que dans le premier cas, la planète ſe reſſent effectivement autant de cette influence, qu'elle en reſtitue à ſon ſatellite. Au-lieu que le Soleil ne ſe reſſent en aucune manière de l'action de mouvement que la planète voudroit lui imprimer. Sa maſſe, plus volumineuſe que toutes les planètes & les ſatellites enſemble, (comme nous le démontrerons ailleurs, chap. XIX.) eſt immuablement fixe au centre de l'univers, & inébranlable pour toujours. Ainſi, indépendamment de l'action de mouvement que le Soleil imprime à la terre, par exemple, l'action qu'elle veut imprimer à cet aſtre, ſe réfléchit toute entière ſur elle.

L'action du Soleil ſuffit pour lui faire parcourir ſa circonvolution annuelle, en planant uniformément autour de lui comme un ſatellite, ſur une même face tournée vers cet aſtre ; & l'action qu'elle envoie infructueuſement au Soleil, & qui lui eſt totalement réfléchie, ſert à la faire tourner ſur ſon axe, par une eſpèce de reculement, ſi j'oſe le dire, ainſi qu'on voit la lave bouillante reculer à l'approche des corps fixes qui lui font obſtacle fur fa route, & s'arrêter à une certaine diftance en en prenant les contours fans les atteindre (*).

C'eft donc de cette action combinée du Soleil fur la terre, & de l'action de la terre fur le Soleil, & totalement réfléchie fur elle-même, que réfulte fon mouvement de circonvolution accompagné d'une rotation.

VIII. Le fatellite, au contraire, ne tourne pas fur lui-même ; parce que fa planète cède à l'action qu'il lui imprime, ainfi que nous l'avons vu plus haut : au lieu que le Soleil reftirue pleinement à la terre, ou à une planète quelconque, l'influence qu'elle lui répartit à chaque rotation.

IX. La raifon de ce phénomène eft, que la terre & les planètes étant à 800 fois 25 de leurs demi-diamètres, leurs circonférences atmofphériques font juftement proportionnées à un degré de leurs orbites qui en contiennent 360, de même que chaque fatellite, qui n'eft jamais plus éloigné de 8 fois 25 de fes demi-diamètres, a une circonférence atmofphérique juftement proportionnée à fon orbite entière. Ainfi, c'eft une loi générale pour toutes les planètes, de développer 360 fois leurs circonférences atmofphériques fur leurs

(*) Voyez ci-après Livre 4, chap. 4.

orbites, par leur mouvement propre, comme pour les ſatellites de parcourir une petite orbite égale à leurs circonférences atmoſphériques ; parce que les mouvemens mécaniques offrent cette juſte proportion entre 8 fois 25 demi-diamètres & 800 fois 25 demi-diamètres.

X. Enfin, comme l'attraction réciproque entre le Soleil & chaque planète eſt juſtement combinée avec leur action de mouvement, il eſt évident, en ſuivant les loix que nous avons établies plus haut, que ſi leur force attractive étoit convertie en action de mouvement, elles feroient 360 rotations plus 90, qui font le quart de ce mouvement ; c'eſt-à-dire, 450. Enforte que ce quart ineffectif en mouvement, eſt effectif en attraction ou en un retard, qui, juſtement combiné avec la force qui agite chaque planète, lui fait faire ſeulement 360 rotations environ, de ſon propre mouvement ; ce qui met la plus juſte proportion entre ſon orbite & ſa circonférence atmoſphérique.

CONCLUSION GÉNÉRALE.

IL eſt donc rigoureuſement démontré que les corps céleſtes ſont pleins de chaleur, puiſqu'ils s'attirent & s'agitent réciproquement ; ou que les corps planétaires, s'attirant & s'agitant ſans ceſſe & réciproquement dans le ciel, ils contiennent de la chaleur ; puiſque les propriétés eſſentielles & connues du Feu offrent un principe conſtant d'impulſion & d'attraction.

Il eſt donc pareillement démontré que la Lune & la Terre ont une même denſité ; que quelque ſoit le diamètre de la Terre, 25 de ſes demi-diamètres meſurent la diſtance de ſon ſatellite ; que ce ſatellite n'a de diamètre que la huitième partie de celui de la Terre ; enfin, que l'attraction & l'impulſion par chaleur centrale des globes céleſtes, ont leurs loix indiquées par leurs mouvemens comparés.

Toutes ces analogies devant s'appliquer à toutes les planètes dont je fixerai bientôt le nombre des rotations, & à leurs ſatellites, je ne répéterai rien de ce que j'ai dit dans ce chapitre.

Il nous reſte une dernière irrégularité du mouvment de la Terre à expliquer ; c'eſt le progrès de ſon aphélie.

CHAPITRE XIV.

Le progrès de l'Aphélie de la Terre tient à la présence d'un Satellite. La précession des Équinoxes depend immédiatement de ce mouvement irrégulier. Et l'Analogie veut que Mercure, Vénus & Mars ayent des Satellites.

LE progrès de l'aphélie de la Terre eſt un mouvement irrégulier, par lequel la planète, après chacune de ſes circonvolutions, ſe trouve portée un peu plus loin que le point d'où elle eſt partie pour commencer ſa dernière révolution. Ce mouvement fait voir que ſon centre a coulé ſur ſon orbite, aux dépens de ſa rotation (*).

Cauſe du progrès de l'Aphélie. Le paſſage de la Lune entre le Soleil & la Terre eſt cauſe de cette irrégularité dans le mouvement de notre planète. Parce que dans ce moment, le ſatellite interpoſant ſes feux entre ſa planète & ceux de l'eſſieu brûlant qui la ſupporte, fait la fonction d'un lévier plus fort ou un peu allongé, lequel ſoulève la planète & fait

____

(*) Voyez notre Examen art. 8.

couler ſon centre un peu plus loin qu'il ne ſeroit
parvenu par ſon propre mouvement de rotation.
Et cette circonſtance ayant lieu 13 fois par an,
à chaque renouvellement de Lune, la terre ſe
trouve néceſſairement, après une année révolue,
un peu plus loin que le point d'où elle eſt partie pour commencer ſa dernière révolution (*).

On peut ſe rendre ceci ſenſible par un exemple.
Imaginez deux roues de diamètre égal, appuyant chacune ſur 13 rayons, tous égaux ſur
l'une des deux roues, & l'autre ayant un ſeul rayon
de deux ou trois lignes plus grand que les autres ;
ſi vous faites faire à ces deux roues un nombre
égal de tours en temps égal, il eſt certain que
celle qui a un rayon excèdant ſe portera un peu
plus loin que celle qui n'a que des rayons égaux.
Il en eſt de même de la terre, lorſqu'elle appuie
ſur ſon ſatellite interpoſé entre elle & le Soleil.

Delà ſuit la préceſſion des Equinoxes, qui eſt
un mouvement immédiatement lié & dépendant
de l'avancement de l'aphélie des planètes.
En effet, ce progrès de l'aphélie, reportant la planète un peu plus loin que le point

Préceſſion
des Equi-
noxes.

(*) Ce progrès de l'aphélie eſt de 64 ſecondes par an, ce qui
fait près de 5 ſecondes par chaque révolution de la Lune.

d'où elle eſt partie précédemment , le diamètre de la dernière révolution ne ſe trouve plus parallèle avec celui de la révolution actuelle. Toute l'orbite change donc de place, & cet aphélie étant le point le plus élevé de l'orbite de la planète, il ſe trouve toujours, au moment de ſon nouveau déplacement, un peu au-deſſus d'un des endroits par où la planète a fait route précédemment. Donc ce petit reculement de l'orbite au-deſſus de ſa dernière courbure, empêchera la planète d'atteindre, au moment de ſes équinoxes, le point où elle s'eſt trouvée la dernière fois. Et l'équinoxe ayant ainſi lieu toujours un peu plutôt, il y aura préceſſion continuelle. (*)

Il eſt évident parce que nous venons de dire, que le progrés de l'aphélie des planètes étant dû à la préſence d'un Satellite, *Mercure* , *Venus* & *Mars* auront donc auſſi chacun un Satellite, puiſque le mouvement de leur aphélie eſt ſuppoſé connu (*).

(*) Ne nous arrêtons cependant pas encore à cette Analogie , parce que les Newtoniens n'ont prononcé ſur le progrés de l'Aphélie de ces planètes , que d'aprés des calculs auſſi hypothétiques , que variables dans les réſultats (Encyclop.) que d'aprés des calculs dis-je , d'influences perturbatrices des planètes les unes ſur les autres : & comme nous avons déja démontré (chapitre précédent)& nous démontrerons encore dans la ſuite, que ces per-

De pareilles analogies font plus fûres que nos yeux. D'ailleurs, des témoignages réitérés & authentiques ont déjà conftaté l'exiftence du fatellite de Vénus (*); & ces fatellites devant être en rapport avec la Lune, comme leurs planètes le font avec la Terre, enfin la diftance de la Lune à la Terre & fon diamètre étant 1, le fatellite de Mercure aura le tiers de fes proportions, celui de Vénus les trois quarts, celui de Mars une fois & demie; & chacun d'eux fera à 25 demi-diamètres de fa planète.

Nous pouvons maintenant fixer le nombre des rotations des planètes, & prononcer fur les accélérations de leur fatellite principal, d'après toutes les analogies que nous venons de comparer.

---

turbations réciproques n'exiftent point. (Voyez ci-après chap. 19) mais nous donnerons la démonftration irréfragable de l'exiftence d'un Satellite pour chacune de ces planètes, (ce qui feulement pourra conftater le progrès de leurs Aphélies) en affignant le nombre de leurs rotations (chap. 17) & le rapport des temps des rotations avec les temps des révolutions (chap. 20); parce qu'alors nous verrons l'influence de mouvement de chaque Satellite fur fa planète, & ce qu'elle fait de fon propre mouvement.

(*) Voyez Encyclopédie, art. *Satellite de Vénus.*

K

CHAPITRE XV.

Nombre des Rotations de Jupiter. Révolutions accélérées & multipliées de fon Satellite principal.

JUPITER fait fa révolution en 11 ans dix mois quatorze jours & quelques heures; ou en 103 mille 980 heures.

Voici le tableau de fes fatellites, dans lequel je fais ufage des diftances rapprochées, telles qu'elles font indiquées par nos analogies, Ch. XII.

LEURS DIAMETRES.   LEURS RÉVOLUTIONS.

	lieues.	*heures.*
I.	400.	42.
II.	660.	83.
III.	1,105	131.
IV.	1,875.	400.

On a leurs diftances en ajoutant 2 zéros aux diametres.

La Lune fait faire 5 rotations un tiers de trop à la Terre; le fatellite principal de Jupiter doit en faire faire par conféquent encore cinq de plus à fa planète; parce que ces deux fatellites font dans le rapport de 1 à 5 par leurs diamètres. Ainfi Jupiter fait 10 rotations un tiers de plus que 360; ce qui fait 370 un tiers en tout. Voyez ci-après Chapitre XX. (*).

Le Satellite principal de Jupiter ne devroit faire que cinq révolutions de plus que la Lune, c'eſt-à-dire, 18 ou 19 révolutions; parce que les mouvemens des corps céleſtes ſont en rapport de leurs maſſes comparées par leurs diamètres: & que les diamètres de Jupiter & de la Terre ſont en rapport de 5 à 1. Cependant ce Satellite de Jupiter fait 259 révolutions & en commence une ſuivante dans une circonvolution de ſa planète. Il eſt donc accéléré d'environ 240 révolutions.

Ici l'harmonie des mouvemens céleſtes paroît interrompue. Il ne faut cependant pas croire qu'elle le ſoit, & ſans augmenter le nombre des rotations de Jupiter, que ne comporteroit

Révolut.
multipliées
de ſon Sat.
principal.

(*) Comme il n'y a qu'une différence de 2 heures 25 min. ſur 8 mille 640 heures, entre 360 rotations & 359 rotations 21 heures 35 min. que la Terre fait de ſon propre mouvement; je ferai uſage de ce nombre rond de 360 dans ce chapitre & les trois ſuivans, pour évaluer le mouvement propre de toutes les autres planètes. J'évaluerai auſſi aux nombres ronds de cinq rotations un tiers de la Terre, & de cinq révolutions un tiers de la Lune, les rapports comparés des planètes & des Satellites, dont nous allons parler. Parce que pour développer la théorie de ce Syſtème, ces calculs n'exigent pas plus de rigueur, & préſentent des apperçus plus aiſés à ſaiſir.

Selon les Newtoniens Jupiter fait 10 mille 398 rotations; mais ces Phyſiciens ne donnent point la raiſon de cette diſproportion de mouvement comparé avec celui de la Terre.

K 2

plus la juſte proportion de ſon atmoſphère avec
ſon orbite ; tout cet excès d'accélération de ſon
Satellite principal , doit ſe rejeter ſur les Satellites
qui lui ſont inférieurs & qui l'avoiſinent de
trop près.

Nous ſavons que la diſtance d'un Satellite à
ſa planète eſt la meſure du rayon de ſon
atmoſphère de chaleur. Or, ſi nous comparons
les diſtances des Satellites de Jupiter , nous
verrons que celui qui eſt immédiatement au-deſſous
du Satellite principal , étant à 110 mille 500
lieues de ſa planète, & le Satellite principal à 187
mille 500 lieues , il eſt évident que le globe même
de ce Satellite principal plonge de 33 mille 500
lieues dans l'atmoſphère de chaleur de ſon Satellite inférieur. Celui-ci eſt enfoncé de 21 mille lieues
dans l'atmoſphère de chaleur de ſon inférieur ;
enfin , ce dernier plonge encore de 22 mille
lieues dans la ſphère atmoſphérique de celui
qui eſt immédiatement au-deſſous de lui.

Delà, cette accélération étonnante du Satellite
principal, qui a une cauſe très-puiſſante & très-
ſenſible dans ſes feux ſouvent confondus & toujours fortifiés par ceux des Satellites inférieurs
qui paſſent plus de 4 mille 300 fois ſous lui,
pendant une ſeule révolution de la planète ; &
environ 16 fois pendant chacune des ſiennes

propres. L'accélération un peu plus modérée du Satellite principal de Saturne, viendra bientôt à l'appui de cette ſolution.

Si les Satellites inférieurs influent ſi fort ſur les mouvemens de celui qui eſt ſuperieur à tous, il eſt évident que ces mêmes inférieurs, qui nagent continuellement entre les feux atmoſphériques de leur planète & des Satellites ſupérieurs, doivent éprouver des accélérations beaucoup plus fortes encore. C'eſt aſſez, je penſe, d'indiquer les cauſes de ces prodigieux effets dont on peut ſe rendre compte, en comparant les mouvemens & les diamètres de tous ces petits globes avec leurs diſtances, par la méthode ci-deſſus.

CHAPITRE XVI.

*Nombre des Révolutions de Saturne. Rotations accé-
lerees & multipliees de ſon Satellite principal.*

SATURNE fait ſa révolution en 29 ans huit
mois & quelques heures, ou en 260 mille 221
heures.

Voici le tableau de ſes Satellites, d'après nos
Analogies, chap. XII.

LEURS DIAMETRES.   LEURS RÉVOLUTIONS.

	lieues.	heures.	
I.	310.	45.	
II.	400.	65.	On a leurs diſtances en ajoutant deux zéros à leurs diametres.
III.	560.	108.	
IV.	1,125.	382	
V.	3,750.	1,903.	

Saturne
fait 375 ro-
tations un
tiers.

Le diamètre de la Lune étant au diamètre du
Satellire principal de Saturne comme 1 eſt à
10, ce Satellite, doit faire faire 10 rotations
de plus que la Terre à ſa planète. C'eſt-à-dire,
que Saturne fera 375 rotations un tiers dans
une de ſes révolutions annuelles. Voyez ci-après
Chapitre XX. (*)

____

(*) Cette planète, ſelon les Newtoniens, fait plus de 26 mille

Le Satellite principal de Saturne ne devroit faire que 10 révolutions de plus que la Lune qui en fait 13 un tiers, c'eſt-à-dire, qu'il devroit n'en faire que 24 environ. Or, ce Satellite en fait près de 136. Il eſt donc accéléré de 112 révolutions environ par ſes Satellites inférieurs.

Il paroîtra étonnant au premier coup d'œil, que ce Satellite principal ayant quatre Satellites inférieurs, ſoit moins accéléré que le Satellite principal de Jupiter qui n'en a que trois ſous lui: ſur-tout ſi l'on fait attention que ces quatre Satellites de Saturne paſſent quatre-vingt douze fois ſous le Satellite principal, tandis qu'il fait une ſeule révolution, & qu'ils paſſent tous plus de douze mille huit cent cinquante fois ſous ce même Satellite pendant une révolution entière de Saturne. Mais la merveille diſparoîtra, dès que l'on comparera les diſtances reſpectives des quatre Satellites inférieurs de cette planète avec leur ſupérieur (*).

---

rotations. Quelques Phyſiciens même penſent qu'elle tourne encore plus vîte, tandis que d'autres ſemblent portés à croire qu'elle ne tourne pas du tout. Que de variations ! que de diſparates dans un ſeul ſyſtème, & ſouvent ſur un même objet ! (Encyclop.)

(*) C'eſt un beau ſpectacle ſans doute pour Jupiter & Saturne, dont les jours ſont ſi grands en comparaiſon des nôtres, d'être

Celui qui est immédiatement au-dessous de lui, est à 112 mille 500 lieues de sa planète; & si vous doublez cette distance pour avoir le diamètre de son atmosphère de chaleur, vous verrez que non seulement elle n'atteint pas le globe du Satellite principal, comme cela arrive dans le système de Jupiter; mais même vous vous convaincrez que cette atmosphère de chaleur du IVe. Satellite de Saturne, ne se trouvant qu'à 110 mille lieues au-dessous du globe de son Satellite supérieur, & le diamètre atmosphérique du IIIe. Satellite, de 500 lieues au-dessous du IVe. il doit en résulter une accélération plus modérée que celle qui s'exerce avec une forte d'excès dans le système de Jupiter.

Si les quatre Satellites inférieurs de Saturne influent aussi efficacement sur le Ve. qui leur est supérieur, il est évident que ces Satellites inférieurs, nageant continuellement, comme ceux du système de Jupiter, entre les feux atmosphériques

éclairés fréquemment par leur Satellite principal, dont les révolutions sont assez courtes; & de voir à chaque instant paroître & disparoître les Satellites inférieurs qui semblent se succéder à l'envi, & avec la plus grande rapidité, pour diminuer les ténèbres des longues nuits qu'éprouvent ces deux planètes; puisque Jupiter voit à peu-près 12 apparitions de Satellites dans un jour, & Saturne plus de 30.

de leur planète & des Satellites fupérieurs, il
doivent pareillement éprouver des accélérations
très-fortes. Ce font des mêmes effets produits
par des mêmes caufes.

CHAPITRE XVII.

Nombre des Rotations de Mercure, Vénus & Mars. Révolutions de leurs Satellites.

D'APRÈS toutes ces analogies acquifes, il nous
est permis de conclure par induction rigoureufe,
que toutes les planètes & leurs Satellites principaux étant en rapport exact de mouvement
avec la Terre & la Lune, comme par leurs
diamètres comparés, il fuit, 1°. que Mercure (*)
fait 362 rotations, & fon Satellite 10 révolutions; 2°. que Vénus fait 363 rotations trois quarts
trois douzièmes, & fon Satellite prefque 12

Mercure
a 362 rotat.
Vénus 364,
environ;
Mars 366.

(*) On ne connoît pas la rotation de Mercure, parce que les
Newtoniens n'ont point les analogies qui peuvent amener à cette
connoiffance : mais les aftronomes qui prononcent fur celle de
Vénus, varient encore de 24 heures à 24 jours, & lui attribuent
indifféremment 9, ou 224 rotations pour fa révolution annuelle.
Celle de Mars eft eftimée de 24 heures 40 min. &c. Voyez ci-après
chap. 20.

révolutions : 3°. enfin, que Mars a 366 rotations environ, & son Satellite 14 révolutions. Si, lorsqu'on fera la découverte de ce satellite de Mars, il est plus agité que je ne l'annonce ici, on pourra conclure avec certitude qu'il a un Satellite inférieur.

Comme nous assignons ici à ces planètes 'un mouvement de rotation propre & quelques rotations de plus que 360, par l'influence de leurs Satellites, nous démontrons l'existence de ces Satellites ; & la preuve en sera complète, lorsque nous comparerons (chapitre XX) les temps des révolutions avec le nombre & les temps des rotations; parce qu'alors il constera par la justesse des rapports, que ces planètes font le nombre précis de rotations que nous indiquons (*).

Voici le tableau des diamètres & des révolutions des Satellites de ces trois planètes. Leurs diamètres font le 8me. de celui de leur planète (voyez ci-devant Chapitre XI). Et en ajoutant deux zéros, à leurs diamètres, on a leurs distances égales à 25 demi-diamètres de leur planète.

(*) Ces trois planètes ayant chacune un Satellite, le progrès de leur aphélie (nécessairement proportionnel à celui de la Terre) est démontré.

DIAMETRES. NOMBRE DES RÉVOLUTIONS.

lieues.

Du Sat. de Mercure 125. . . . . 10.

Du Sat. de Vénus 281. . . . . 12.

Du Sat. de Mars . . 562. . . . . 14.

CHAPITRE XVIII.

*Nombre des Rotations de la Planète de Herſchel.
Révolutions de ſon Satellite principal.*

LA planète de *Herſchel* ſelon les aſtronomes, a une diſtance optique qui égale 18 fois celle de la Terre au Soleil.

On peut donc déjà s'aſſurer, d'après toutes nos analogies comparées, que cette planète aura, 1°. 18 fois le diamètre de la Terre, c'eſt-à-dire, 54 mille lieues; 2°. qu'elle ſera 18 rotations de plus que nous pour une de ſes révolutions dans ſon orbite; c'eſt-à-dire, qu'elle aura 383 Rotations un tiers; 3°. que ſon Satellite principal ſera à 25 demi-diamètres de ſa planète, & ſon diamètre le 8me. de *Herſchel*, égal au 100me. de ſa diſtance propre; 4°. enfin, que les révolutions de ce Satellite, qui ne devroient être qu'au nombre de 31 ou 32, seront plus ou moins multipliées à raison des Satellites inférieurs, ou plus près, ou plus éloignés de lui, ou en plus grand nombre.

Il y a apparence que nous ne verrons que rarement & difficilement tous les Satellites de cette planète, puisque nous la voyons déjà elle-même sous une forme très-circonscrite (*) ; puisque Saturne, qui est 8 fois notre distance plus près de nous que cette planète, nous paroît lui-même quelquefois plus petit de moitié de ce qu'il est, & que son Satellite principal est souvent éclipsé en déçà de sa planète. Voilà donc une planète sur laquelle on ne pourra prononcer que d'après les analogies de tout notre système astronomique comparé ; & s'il existe une 8me. planète à 20 ou 25 fois notre distance du Soleil, elle ne pourra être que très-difficilement apperçue, parce que son plus grand volume exigeant qu'elle soit environnée de plus de vapeurs encore que Saturne & Herschel, elle en sera peut-être toujours offusquée.

____

(*) *Herschel*, qui a donné son nom à cette planète, vient de découvrir deux de ses Satellites, & elle en a peut-être 7 ou 8,

CHAPITRE XIX.

Diamètre du Soleil. Circonférence atmofphérique de la Terre & de la Lune.

SI nous pouvons préfumer, avec quelque vrai-semblance, que la planète de *Herfchel*, fi récem-ment découverte, foit la dernière de notre fyf-tème folaire (*), nous pourrons auffi prononcer

Le Soleil
a 800 fois
le diam. de
Herfchel.

(*) Je dis, *Si nous pouvons préfumer que la Planète de Herfchel foit la dernière de notre fyftème folaire.* Car il eft très-poffible (& je me crois même fondé à croire) qu'il en exifte une huitième à 20 ou 25 fois notre diftance, laquelle ne fera peut-être que très-difficilement découverte, parce qu'elle nous fera aifément maf-quée par fes vapeurs atmofphériques, comme nous voyons qu'elles altèrent déjà les formes de Saturne & de *Herfchel*. Mais nous pou-vons affurer auffi avec quelque certitude, qu'il n'exifte plus de pla-nète au delà de 20 ou 25 fois notre diftance ; parce que devant ap-précier les circonférences atmofphériques des planètes d'après leurs diftances au centre du Soleil ; en agrandiffant conftamment le diamètre de cet aftre, ces atmofphères des planètes pourroient enfin s'atteindre, fe choquer, s'intercepter les rayons du Soleil & déranger leurs mouvemens, ce qui feroit contraire aux faits connus & à toutes les analogies par lefquelles nous avons dé-montré, dans les chapitres précédens, que les planètes n'ont aucune influence les unes fur les autres. Tout ce raifonnement forme une dernière objection contre la prétendue reffemblance des Comètes avec les planètes.

définitivement ſur le demi-diamètre du Soleil, lequel, d'après toutes nos analogies, doit être répété 25 fois ſur la diſtance de cette planète, qui dès-lors ſeroit ſuppoſée la planète principale de ſon ſyſtême planétaire.

Ce dernier terme de comparaiſon va enfin nous montrer la nature en grand & telle a peu-près qu'elle peut être. Nous allons voir une maſſe à peu-près proporionnée aux grands mouvemens qui s'exécutent dans les cieux; laquelle pourra s'équilibrer par elle-même de tous ſes feux au milieu des ſphères embraſées qui brillent dans le firmament, & pourra agiter les ſept mondes que nous connoiſſons, avec 20 ſatellites environ, qui leur ſervent de cortége (*).

En effet, la Terre étant à 30 millions de lieues environs du Soleil, & la planète de Herſchel 18 fois plus loin, ce qui fait cinq cent 40 millions de lieues; le 25me. de cette diſtance

___

(*) Selon les Aſtronomes, le Soleil n'a que 323 mille 155 lieues de diamétre, & les Newtoniens oſent encore 'attaquer à la denſité de ce petit globe, qu'ils diſent égale à celle de Jupiter, qui n'a que celle de la craie. Mais ſur quelle force puiſſante ou magique appuie donc cet eſſieu qui ne change jamais de place, avec de ſi foibles moyens pour ſupporter toutes les maſſes de notre ſyſtême planétaire ? Et ſi les Cometes ſont au nombre de 4 ou 500, comme le penſe M. de *Buffon*; ſi ces globes ſont de la nature des planétes, comment un globe de trois cens 24 mille lieues de diametre ſeulement, peut-il équilibrer tant de maſſes ?

donne 21 millions 600 mille lieues pour le demi-diamètre de l'essieu brûlant qui supporte toutes les planètes.

Or, il est remarquable que cette grosse masse, qui aura 45 millions 200 mille lieues de diamètre, ne se trouvera avoir que 800 fois le diamètre de la planète de Herschel. En sorte que le diamètre du soleil est au diamètre de sa planète principale, (que nous supposons être celle de Herschel,) comme la distance d'une planète au soleil, est à la distance de son satellite principal. Ainsi, de même qu'une planète est 800 fois plus éloignée de son foyer de mouvement qui la fait tourner sur elle-même, qu'un satellite principal ne l'est de sa planète : parce que ces petits globes secondaires ne font que planer uniformément dans l'atmosphère qui les supporte au-dessus de la surface des planètes auxquelles ils offrent toujours la même face ; de même aussi, le soleil a 800 fois le diamètre de sa planète principale, parce qu'il les agite toutes d'un mouvement de rotation ; tandis que les planètes qui n'agitent pas de même leurs satellites, n'ont que 8 fois le diamètre de leur satellite principal (*).

____

(*) Que la matière & l'espace coûtent peu au Créateur ! Qu'il lui a été facile de mettre de la symétrie dans ce cahos de matière qu'il a créée & distribuée par globes isolés les uns des autres dans

Cependant quelque proportion que je mette ici entre la maſſe du Soleil & celle de tous les globes gyrovagues qu'elle ſupporte, je ſens qu'il faut répondre à une objection qui s'offre tout de ſuite à l'eſprit ſur ſa grandeur apparente, laquelle eſt bien éloignée de ſa grandeur réelle.

Mais il eſt aiſé de démontrer que cet aſtre ne peut être vu dans toute la majeſté de ſa grandeur & de ſon éclat, parce que notre atmoſphère ne mettant devant nos yeux qu'un objectif dont le champ eſt très-circonſcrit, elle ne peut embraſſer qu'une très-petite portion de ſon image.

En effet, le diſque apparent du ſoleil étant de 324 mille lieues de diamètre environ, qui font 108 fois le diamètre de la Terre, il offre une très-juſte proportion avec les forces de chaleur, par leſquelles la planète a engendré ſon ſatellite & le tient écarté de ſa ſurface: puiſque la Terre à effectivement huit fois le

---

J'immenſité des cieux ! Quelle ſageſſe préſide à la ſimple & ſublime mécanique de ce vaſte univers! & quel ſouffle puiſſant pour animer & imprimer le mouvement à toute la nature ! Nous ſommes bien petits dans cette immenſité de choſes, & nos connoiſſances les plus perfectionnées ne nous permettront, ſans doute jamais, que d'entrevoir une bien petite partie des merveilles qu'elles renferment.

diamètre

diamètre de notre ſatellite, & lui aſſigne une diſtance égale à 100 fois le diamètre de ce petit globe. Ainſi notre atmoſphère n'a que 108 degrés de force & de développement pour nous laiſſer appercevoir préciſément cette portion de ſurface du ſoleil, égale à 108 diamètres de la planète, quelque ſoit d'ailleurs l'étendue de cet aſtre. Et ce raiſonnement devant s'adapter à toutes les autres planètes, elles voyent toutes le ſoleil en même proportion que nous.

Revenons donc maintenant ſur nos pas, & meſurons la circonférence atmoſphérique de la Terre, par des termes qui ſeront applicables à toutes les planètes & qui découvriront de meilleurs proportions, que celles que nous avons indiquées juſqu'à préſent.

Nous avons vu précédemment (Chap. XIII.) que la chaleur de la Terre étant augmentée d'un 64e. par ſon ſatellite, il falloit que cette planète ajoutât un 64me. à ſa diſtance de 30 millions de lieues. Ainſi nous ſommes diſtans de la ſurface du ſoleil de 468 mille 750 lieues de plus, qui ſont le 64me. de 30 millions, égal à 100 fois 25 demi-diamètres du ſatellite. Et comme notre orbite eſt d'autant plus grande, que le pivot autour duquel nous tournons eſt grand ; il faut ajouter à ces deux premiers nombres déjà additionnés, 21 millions 600 mille lieues, qui ſont le demi-diamètre du ſoleil, & dire que nous ſommes à 52 millions 68 mille 750 lieues de ſon centre (*).

Six fois cette diſtance donne une orbite de 312 millions 412 mille 500 lieues. Le 365me. de cette orbite donne 855 mille 924 lieues de circonférence atmoſphérique. (Eſpace que le centre de la Terre parcourt par jour dans le ciel, en tournant une fois ſur elle-même. Cela fait près de 10 lieues par ſeconde.) Et le rayon de cette atmoſphère eſt de 142 mille 654 lieues. Retenons ce dernier terme, & comparons-le avec la hauteur du ſatellite.

J'ai démontré (Chapitre XIII.) que la Lune

(*) Le Satellite principal de Jupiter, ainſi que celui de Saturne, augmentant la chaleur de leur planète d'un 64me. (puiſqu'ils ſont en même proportion avec leur planète, que la Lune avec la Terre) Jupiter & Saturne ſont à un 64me. plus loin que leurs 20 mille demi-diamètres du Soleil. On peut négliger le ſurplus qu'y ajoutent leurs ſatellites inférieurs, parce qu'ils y ajoutent peu, de même qu'ils augmentent auſſi de très-peu de choſe le progrès de l'aphé-lie de leur planète. Il ſuffit d'indiquer qu'ils apportent une très-petite différence ſur ces deux objets, par leurs paſſages entre le Soleil & leur planète, & par l'augmentation de chaleur qu'ils procurent à ſon atmoſphère.

étoit exclufivement régie par la Terre ; ainfi ce fatellite ne peut déjà plus avoir la diftance de 80 mille lieues, ou de plus de 25 demi-diamètres de fa planète, que l'on lui fuppofoit : parce que fa diftance égalant fon rayon atmofphérique, en le doublant pour le diamètre, vous auriez 160 mille lieues, qui excéderoient de beaucoup le rayon atmofphérique de la Terre, (142 mille 654 lieues) & ce petit globe éprouveroit néceffairement des influences de mouvement de la part du foleil, s'il lui préfentoit une portion de fon atmofphère à nu ; ce qui feroit contraire aux faits.

J'ai dit que ce fatellite n'étoit qu'à 37 mille 500 lieues de la Terres (25 demi-diamètres de la planète) à quoi il faut ajouter 585 lieues pour le 64_{me}. de chaleur dont il augmente la chaleur de l'atmofphère de fa planète, & qui refluant fur lui, le tient un peu plus écarté. C'eft-à-dire, que la Lune eft à 38 mille 85 lieues de nous. Or, fi vous doublez cette élévation qui égale fon rayon atmofphérique, vous aurez 76 mille 170 lieues pour le diamètre de fon atmofphère, lequel fe trouve au-deffus du rayon atmofphéque de la Terre (142 mille 654 lieues) de 66 mille 484 lieues. Enforte que ce petit globe eft parfaitement enveloppé dans l'atmofphère de fa planète , inacceffible aux influences de tout globe étranger , & exclufivement régi par la Terre.

Je paffe aux dernières analogies qui peuvent étayer ce fyftème.

CHAPITRE XX.

Rotations & Révolutions comparées des Planètes.

La diftance d'une planète quelconque à la furface du Soleil, eft égale à 20 mille de fes demi-diamètres, plus 100 fois 25 demi-diamètres de fon fatellite principal : & 6 fois fa diftance au centre du foleil (dont le demi-diamètre eft de 21 millions 600 mille lieues) donne fon orbite.

L'orbite divifée par le nombre des rotations, donne la circonférence atmofphérique, dont le 6$_{me.}$ eft le rayon.

La fomme totale des heures qui conftituent le temps d'une révolution ou d'une année d'une planète , divifée par le nombre de fes rotations, donne les heures qu'elle emploie pour chacune.

Et lorſque le nombre des heures excède celui de 24, on a la grandeur des heures d'une planète comparées avec celles de la Terre, en diviſant la rotation totale par 24 heures.

Enfin, ſi les analogies ſont juſtes, l'heure d'une planète quelconque doit être en rapport avec une de nos heures, comme ſa révolution comparée avec les révolutions que la Terre fait de plus ou de moins qu'une autre planète.

TEMPS DES RÉVOL. NOMBRE DES ROT. TEMPS DES ROT.

	heures		heures.
Mercure . .	2 , 112.	362. . .	5. 39. & plus.
Vénus . . .	5 , 393.	364. . .	14. 39. & plus.
La Terre. .	8 , 766.	365. . .	24.
Mars	16 , 487.	366. . .	45. & plus.
Jupiter. . .	103 , 980.	370. . .	281. & plus.
Saturne. . .	260 , 221.	375. . .	693. & plus.
Herſchel . .	peu connue.	383. . .	inconnue.

Si vous comparez maintenant les temps des révolutions & les temps des rotations avec le nombre des rotations des planètes, vous vous convaincrez qu'il n'y a rien d'arbitraire dans l'énoncé des chapitres XV, XVI, XVII, & XVIII, concernant le nombre des rotations des planètes.

En effet, Mercure emploie près de trois mois pour faire ſa révolution autour du ſoleil; c'eſt-à-dire, près d'un quart du tems que nous mettons à compléter la nôtre autour de ce même aſtre, & le temps de ſa rotation eſt auſſi de près de 6 heures ; c'eſt-à-dire, d'un quart environ du tems de la nôtre, à raiſon de 362 rotations pour ſon année.

De Vénus. Vénus emploie près de 7 mois & demi à décrire ſon orbite, qui font une moitié & un huitième environ du temps que nous mettons à décrire la nôtre : & le tems de ſa rotation eſt auſſi égal à une moitié & près d'un 8me. du temps de notre rotation : c'eſt-à-dire, de près de 15 heures, à raiſon du nombre de rotations que nous lui avons aſſigné.

De Mars. Mars met un peu moins de 23 mois à décrire ſa circonvolution autour du ſoleil ; c'eſt-à-dire, une fois & un peu moins de onze douzièmes du temps que nous employons pour la nôtre : & ſa rotation eſt auſſi égale à une fois & vingt-un vingt-quatrièmes du temps de la nôtre, c'eſt-à-dire, qu'elle eſt d'un peu plus de 45 heures, à raiſon des 366 rotations qui complètent ſon année.

De Jupiter. La rotation de Jupiter eſt de 281 heures & plus, ce qui fait 24 heures de cette planète, chacune de 11 heures & demie & plus des nôtres, ce qui répond aux 11 ans 10 mois que cette planète emploie à décrire ſon orbite.

De Saturne

Une rotation de Saturne, qui est de 693 heures & plus, équivaut à près de 29 de nos jours; mais comme sa révolution est de 29 ans & 8 mois, je pense que ces deux termes comparés ne se rapprochent pas assez; & que, puisque les mêmes termes comparés pour Mercure, Vénus, la Terre, Mars & Jupiter offrent des rapports plus exacts, il faut croire que ce défaut d'approximation & d'uniformité pour Saturne seul, provient de ce que sa révolution est plus longue qu'on ne l'a jugée jusqu'à présent.

Ce qui vient à l'appui de ce soupçon, c'est que M. de *Lalande* dit dans son astronomie & dans l'Encyclopédie, que les révolutions actuelles de Saturne, comparées avec celles des siècles derniers, sont ralenties de huit jours. J'explique ce retard en disant que ces révolutions ont été mieux suivies, parce que l'astronomie a fait quelques progrès dans ce siècle; & j'ose avancer que cette planète, mieux observée, aura des révolutions encore un peu plus lentes.

Voilà enfin les dernières analogies que peut offrir l'astronomie comparée de tout notre système planétaire, elles complètent & terminent absolument les preuves de notre nouvelle physique, également uniforme dans ses principes comme dans ses conséquences. Il ne nous reste plus qu'une observation à faire fur les temps comparés des révolutions des planètes.

Les révolutions des planètes comparées entre elles avec leurs diftances ou leurs orbites refpectives, offrent une difparate bien faillante. Jupiter, qui a une orbite quintuple de celle de la Terre, met près de 12 ans à la parcourir, & Saturne en met 29 & demi & quelque chofe de plus pour parcourir la fienne, qui n'eft que décuple de la nôtre. Cependant ces planètes n'ayant qu'une circonférence atmofphérique, 5 ou 10 fois plus grande que celle de la Terre, & une orbite proportionnelle, il femble qu'elles ne devroient mettre que 5 ou 10 fois plus de temps à décrire leurs circonvolutions. Quelle peut donc être la caufe de cette lenteur?

1°. On ne dira pas que les temps des révolutions doivent indiquer les diftances refpectives des planètes; ou l'aftronomie ne feroit pas encore à fon berceau, & il n'y auroit pas d'erreur plus groffière que celle qui auroit fixé ces diftances telles que nous les connoiffons.

2°. On ne pourra pas non plus recourir à des denfités différentes pour réfoudre ce problême; car nous avons démontré, par les mouvemens & les influences comparées des fatellites fur leur planète & des planètes fur leurs fatellites, que toutes les fphères céleftes avoient une même denfité.

3°. On fera encore bien moins fondé à dire que ces planètes exécutent un nombre très-confidérable de rotations, parce que pour lors il faudroit défavouer qu'elles euffent des atmofphères proportionnelles à leurs orbites; que leurs fatellites y fuffent contenus; que leurs circonvolutions fuffent immédiatement liées avec leur mouvement de rotation , & qu'enfin il faudroit recourir à une hypothèfe de differens chocs pour mouvoir chacune d'elles; ce qu'il feroit impoffible de démontrer.

4°. Enfin, on n'imaginera pas des influences réciproques entre elles, des fupérieures aux inférieures, comme entre les fatellites d'un même fyftème; parce que leurs atmofphéres étant juftement proportionnées, elles font ifolées de maniere à ne jamais fe toucher, s'atteindre, fe gêner & s'accélérer. Ainfi cette analogie n'auroit aucune juftesse : parce que le rayon atmofphèrique de chaque fatellite pofe à la furface immédiate de fa planère, & qu'il n'en eft pas de même des planères à l'égard du foleil. Cherchons donc d'autres analogies que l'on puiffe légitimement rapprocher de ce fyftème.

C'eſt un fait phyſique bien conſtaté par les ob-
ſervations du P. *Della Torre*, que plus les laves
des volcans ſont volumineuſes & embraſées, plus
auſſi elles marchent lentement, parce qu'elles
tendent davantage à la forme ſphèrique & à ſe
ſoulever continuellement de terre.

Ainſi je penſe que la lenteur toujours plus
grave des plus gros globes qui nous ſont ſupérieurs par leur volume & leur écartement du ſoleil, provient de ce qu'ayant leurs atmoſphères
trop échauffées par la préſence de pluſieurs ſatellites inceſſamment répandus autour d'eux, ils
s'efforcent continuellement de s'écarter de leur
pivot de mouvement ; & qu'à raiſon de cela
ſeul, leur rotation eſt ralentie & plus péſam-
ment exécutée ; parce qu'ils perdent en marche
progreſſive, le temps & les forces qu'ils employent
à vouloir ſe ſoulever toujours plus. C'eſt donc pour
cela que les corps les plus volumineux, tels que
le ſoleil & les étoiles, entourés de globes planétaires au lieu de ſimples ſatellites, & qui ſe
preſſent tous mutuellement de leurs feux, ceſſent
enfin totalement de ſe mouvoir, & reſtent fixes
& immobiles dans le ciel.....

Nous allons maintenant nous occuper des phè-

nomènes de la phyſique terreſtre, qui nous offri-
ront des objets plus rapprochés de nous. Mais il
eſt eſſentiel que nous jetions auparavant un coup
d'œil ſur le tableau aſtronomique de notre ſyſtème planétaire, tel que l'enſemble en eſt formé par notre nouvelle théorie, & que nous le
comparions tout de ſuite avec celui des Newtoniens. Ces deux objets rapprochés pourront offrir
aux phyſiciens qui daigneront diſcuter ce nouveau ſyſtème, des rapports que je n'ai point vus,
des analogies qui m'ont échappé, & une méthode ſure pour me déſabuſer, ſinon ſur mes
principes, auxquels je tiens par une conviction
ſentie, peut-être ſur les conſéquences que j'en ai
tirées.

TABLEAU DES PLANÈTES D'APRÈS NOTRE SYSTÈME.

DISTANCES respectives des Planètes avec la Terre.	DIAMÈTRES.	DISTANCES des Planètes AU SOLEIL.	TEMPS des Révolutions.	NOMBRE des Rotations.	TEMPS des Rotations.
	lieues.				
LA TERRE . . . 1. .	. . 3 mille.	En ajoutant quatre	. . . . 365 j. 6. h.	365 . . .	24. heures.
MERCURE. un tiers.	. . . mille.	zéros à leurs demi-dia- mètres, ou à leurs dif-	. . . . 88 j. . . .	362 . .	6. h. environ.
VÉNUS. trois quarts.	. . 2 , 250.	tances égales à 20 mille de leurs demi-diam.	. . . 224 j. 17 h.	364 . . .	15. h. environ.
MARS. . 1 & demi.	. . 4 , 500.	*Herschel* , supposé planète principale, est à 15 demi-diam.tres du	1. a. 10. m. 21 j. 23. h.	366 . . .	45 h. & plus.
JUPITER . . . 5. .	. 15 mille.	Soleil, & son diamètre est le huit-centième de	11. a. 10 m. 14 j. 4. h.	370 . . .	281. h. & plus.
SATURNE . . 10. .	. 30 mille.	celui de cet astre	19. a. 8. m. 17. h.	375 . . .	693. h. & plus.
HERSCHEL . . 18. . Planète principale.	. 54 mille.	On a le rayon de l'orbite d'une planète, en ajoutant à sa dis- tance le demi-diamè-	. peu connue. . . .	383 . . .	On a la circonféren- re atmosphérique en divisant l'orbite par
LE SOLEIL.	43,200,000.	tre du Soleil.	. . . . 0	. . 0 . .	les Rotations.

SATELLITES.	SATELLITES principaux.	Distances respectives avec la Lune.	DIAMÉTR.	DISTANCES de leur Planete.	TEMPS des Révolut	NOMBRE des Révolut. dans une année de la Planete.
			lieues.		heures.	
DE MERCURE.	Satel. princ.	un tiers. .	125.	On a leurs distan-	. 211. .	. . . 10 .
DE VÉNUS. .	Satel. princ.	3 quarts. .	181.	ces égales à 200 de	. 449. .	. . . 12 .
I. DE SATURNE.	. . .	. . .	310.	leurs demi-diam. en	. 45. .	. . 5,760 .
LA LUNE . . .	Satel. princ.	. 1 .	375.	ajoutant deux zéros à	. 655.43.m.	. . 13 un tiers.
II. DE SATURNE.	. . .	. . .	400.	leurs diamétres.	. 65. .	. . 4,003 .
I. DE JUPITER.	. . .	. . .	440.	Les Satellites prin-	. 42. .	. . 2,475 .
III. DE SATURNE.	. . .	. . .	562.	cipaux font à 25 demi-	. 108. .	. . 2,409 .
DE MARS . . .	Satel. princ.	1 & demi.	562.	diamèrres de leur pla-	1,177. .	. . . 14 .
II. DE JUPITER.	. . .	. . .	660.	nète , & leur diam.	. 83. .	. . 1,252 .
III. DE JUPITER.	. . .	. . .	1, 105.	est le 8me. du diam.	. 131. .	. . . 574 .
IV. DE SATURNE.	. . .	. . .	1, 125.	de la Plan.	. 382. .	. . . 681 .
IV. DE JUPITER.	Satel. princ.	. 5 .	1, 875.	Leur Orbite est la	. 400. .	. . . 259 .
V. DE SATURNE.	Satel. princ.	. 10 .	3, 750.	mesure de la circon-	1,903. .	. . . 135 .
DE HERSCHEL.	Satel princ	. 18 .	6, 750.	férence de leur atmos.	. . .	. 32 & plus.

TABLEAU DES PLANÈTES SELON LES NEWTONIENS.

DISTANCES respectives des Planètes avec la Terre.	DIAMÈTRES.	DISTANCES des Planetes AU SOLEIL.	TEMPS des Révolutions.	NOMBRE des ROTATIONS.	TEMPS des Rotations.
LA TERRE . . 1 . .	. 3000 . .	30 millions de lieues. Les autres distances s'estiment d'après ce seul terme, & n'offrent aucun rapport uniforme avec leurs demi-diamètres.	Les mêmes que dans le Tableau précédent.	. . 365 . . Le nombre de Rotations des autres Planètes , se déduit des temps des rotations, comparés avec les tems des révolutions, & n'ont aucun rapport uniforme,	. 24 heures.
MERCURE. un tiers.	. 888 . .				. inconnue.
VÉNUS. trois quarts.	. 2,658 . .				. 24 h. ou 24 j.
MARS. 1 & demi.	. 1,814 . .		. . .		. 24 h. 40 min.
JUPITER . . . 5 . .	30,830 . .	. . . . .	. . .		. 10 h.
SATURNE. 10.	27,300 . .	. . . . .	. . .	. . . . .	. 10 h.
SON ANNEAU . .	63,700 . .				
HERSCHEL . 18.	inconnu . .	. . . . .			. inconnue.
LE SOLEIL	323,155 . .	. . . . .	. . .	. . . . .	. 25 j. & demi.

SATELLITES.	SATELLITES principaux.	Distances respectives avec la Lune.	DIAMÈT.	DISTANCES de leur Planète.	TEMPS des Révolutions.	NOMBRE des Révolutions.
DE MERCURE.	*Terme*	*Rapport*			Les mêmes	*Rapport inconnu.*
DE VÉNUS.	*inconnu.*	*inconnu.*		*lieues.*	pour ces 10	Leur Rotation
I. DE SATURNE.	. . .	. . .		. 62, 000. .	Satellites,	est supposée, & in-
LA LUNE . . .	à 53 demi-	. . .	*lieues.* 782.	. 80, 000. .	que dans	connue.
II. DE SATURNE.	diamètres de	. . .	tous les	. 80, 000. .	le Tableau	
I. DE JUPITER . .	sa Planète.	. . .	autres	. 88, 000. .	précédent.	Mercure, Vénus
III. DE SATURNE.	. . .	. . .	inconnus.	. 112, 000. .		& Mars sont sup-
DE MARS.						posés n'avoir pas
II. DE JUPITER.	. . .	. . .	. . .	. 132, 000. .		de Satellites.
III. DE JUPITER.	. . .	. . .	. . .	. 221, 000. .		
IV. DE SATURNE.	. . .	. . .	. . .	. 225, 000. .		
IV. DE JUPITER.	à 25 demi-d.	. . .	. . .	. 400, 000. .		
V. DE SATURNE.	à 25 demi-d.	. . .	. . .	. 800, 000. .		
DE HERSCHEL.						

Nota. Si notre Tableau astronomique, rapproché de celui des Newtoniens, laisse toutes les disparates de leur côté, on conviendra que ces Physiciens ont méconnu le vrai mobile des cieux, ce FEU expansible & attractif qui est l'ame & la vie de la nature, & que nous avons comparé les 3 satellites (la Lune, le IVe. sat. de Jupiter & le Ve. satel. de Saturne) qui offrent par leurs distances, le plus juste rapport entre eux.

Mais pourquoi ces satellites que je nomme *principaux*, ont-ils tant de rapports avec la grosseur des masses qui les ont engendrés ? Une analogie prise encore dans les faits qui sont à notre portée, m'en indique la cause.

La presse des eaux est essentielle aux éruptions des volcans. C'est donc sûrement lorsque ces mêmes eaux se sont condensées & rabatues sur les planetes, que l'éruption de leur satellite princ. a dû se faire ; & la quantité d'eau qui recouvre les planetes, a donc nécessairement une proportion quelconque avec elles pour leur avoir fait faire cette éruption qui leur est si exactement proportionnelle.

Je soupçonne qu'il a fallu pour produire cet effet, une masse d'eau égale au cent-huitième de la masse totale de la planete, & qu'un cent-huitième de ce volume d'eau est perpétuellement réduit en vapeurs, par la chaleur du globe, &c. (Voyez ci-devant, chap. 19.) C'est par la plus sublime mécanique & avec les plus justes proportions, sans doute, que l'eau recouvre en grande partie la surface des Planetes, qu'elle attise ou tempère leurs feux, qu'elle coordonne ou modere leurs mouvemens ; & il faut croire, d'après ce que nous avons dit dans ces deux premiers Livres, qu'elle est un régulateur essentiel de l'harmonie des cieux.

FIN du Livre second.

MÉCANISME
DE LA
NATURE.

LIVRE TROISIÈME.

PHYSIQUE TERRESTRE.

CHAPITRE PREMIER.

Du Flux & Reflux de l'Océan & de la Méditerranée.

LA cause du flux & reflux de la mer est très-bien indiquée par tout ce qui a été dit jusqu'à présent (*). La chaleur intérieure de la terre,

Cause du flux & reflux.

(*) Voyez notre Examen du système de *Newton*, art. 14 & *Maclaurin*.

M

par son expansion fugitive, faisant des efforts
continuels par toute la surface de la planète,
pénètre les mers dans toute leur profondeur, y
porte la fluidité, les soulève çà & là incessamment, les dilate, les raréfie, si j'ose le dire,
& les rend légères par-tout où il vient à les
cribler ainsi. Mais ce souffle *transpassant*, amenant
avec lui une énorme quantité de vapeurs humides, leur surabondance amène bientôt leur condensation; & la dépression des mers suit aussitôt
leur ravalement sur la surface des eaux. C'est
pourquoi, lors du flux, ou de la haute marée,
on éprouve sur terre un vent qui vient de la
mer; & lors du reflux, ou de la basse marée,
on sent sur mer un vent qui vient de terre. C'est
ainsi que notre atmosphère se dilatant en grand,
soulève la planète à un aphélie, & que venant
ensuite à se condenser & à se rabattre sur terre,
la planète descend à un périhélie.

Il suit de cet énoncé, que toutes les mers,
petites & grandes, indépendamment des influences du soleil & de la lune, doivent éprouver
des intermittences d'élévation & de dépression.

En effet, je dépose, comme témoin oculaire,
que la méditerranée s'élève deux fois & s'abaisse

deux fois par jour. J'ai mesuré, à Venise, la différence de la haute marée avec la basse; elle a été de deux pieds huit pouces, depuis le milieu du mois de Mai 1783, jusque vers l'Ascension, qui se trouvoit à la fin du même mois. Je demande que cette vérité prenne la place de l'erreur, qui a fait répéter jusqu'à présent, que la méditerranée n'avoit point de flux & reflux.

La méditerranée a un flux & reflux; c'est un fait physique incontestable, que de bons observateurs ont vérifié avant moi. M. le Chevalier d'*Angos* l'a observé à Toulon; M. l'Abbé *Richard* à Venise; M. *Calindri* à Rimini; le P. *Pezenas* à Marseille; M. de *Vaugelas* à Agde; M. le Chevalier *More* à Gibraltar; M. de *Chabert* à Tunis; & l'historien *Procope* à Ravenne, dans le VIe. siècle. Tous ces observateurs s'accordent à dire que la plus grande différence des marées de la méditerranée est de 2 pieds 8 pouces, ainsi que je l'ai vu par moi-même (*).

(*) Voyez le supplément de l'Astronomie de *Lalande*, où se trouvent les observations du Chevalier *d'Angos*. Voyez aussi le voyage d'Italie de cet Astronome, où il consigne les noms de plusieurs personnes que je cite ici, qui ont observé le phénomène dont il s'agit.

Pourquoi dit-on & répète-t-on tous les jours que la Méditer-

Le flux & reflux des petites mers doit être physiquement d'autant plus foible, qu'elles couvriront une moins grande ſurface de terre, & qu'elles ſeront plus circonſcrites par leurs bords; parce qu'alors, la terre environnante, offrant des iſſues plus libres & moins écartées à l'expanſion de la chaleur centrale, cette expanſion ſe fera plus facilement. Mais auſſi, comme cette chaleur répandra une plus grande raréfaction ſur la ſurface des eaux auxquelles ces terres ſervent d'enceinte; ces petites mers reſteront conſtamment plus élevées, plus dilatées ou plus légères, & en diſpoſition d'un flux & reflux plus fréquent.

C'eſt ce qui fait que la méditerranée, dans les mois de Juin, Juillet & Août, ſe ſoulève ſouvent trois fois dans un même jour, ainſi que l'a obſervé M. le Chev. d'*Angos* à Toulon; (la *mer noire* & la *mer caſpienne* doivent donner de plus fréquens exemples de ce phénomène) ce qui ne peut provenir que d'un excès de chaleur & de raréfaction réſultantes de l'expanſion facile que

───────────

ranée n'a point de flux & reflux? C'eſt, ſans doute, par la même raiſon qu'on dit & qu'on répète encore tous les jours, ſans aucun fondement, que l'eau chaude gèle plus vîte que l'eau froide, &c. (Voyez M. *de Mairan*, Diſcours ſur la glace).

font les terres environnantes , qui , par-là , en favorisent les élévations répétées. C'est ainsi que pendant la saison d'été , on a observé que les marées du soir s'élevoient davantage que celles du matin dans le grand océan , étant de même favorisées par la plus grande chaleur répandue sur nos climats , dans cette dernière partie du jour , que le matin. C'est ce qui fait que la mer noire, plus circonscrite que la méditerranée , est constamment plus élevée aussi , & qu'elle y verse ses eaux , ainsi que la mer baltique verse les siennes , par le détroit du Sund , dans le grand océan.

Si la méditerranée reçoit les eaux de l'océan par le détroit de Gibraltar ; si elle est au dessous du niveau de la mer rouge , & ne s'élève que de 2 pieds 8 pouces , tandis que l'océan s'élève de trois pieds , & jamais davantage , entre les Tropiques, comme M. *Bélidor* & quantité de voyageurs l'ont constaté ; c'est qu'elle est écartée de 10 degrés environ de la zone torride , où les eaux de l'océan doivent éprouver leur plus grand degré de légéreté ou de dilatation.

Depuis les Tropiques jusqu'aux pôles , l'océan s'élève ensuite & s'abaisse graduellement plus fort, à raifon du plus ou moins de denfité ou de pefanteur qu'acquièrent les eaux par le froid toujours croiffant des climats reculés de la zone torride ; ainfi que les différentes denfités dans la partie aqueufe de norre armofphère, depuis la ligne jufqu'aux pôles, font que le baromètre, qui ne varie que de deux lignes au Sénégal, varie d'un pouce à Malte & à Naples, de 2 pouces à Upminfter, de trois à Pétersbourg, &c.

Jufque-là, le foleil & la lune font inutiles au mouvement de dilatation & de contraction des mers. Leur intumefcence & leur dépreffion intermittentes font des fuites néceffaires du feu propre de la planète, qui s'exhalant conftamment au-dehors, en entraîne des vapeurs dont la furabondance amène la condenfation, d'où fuit leur ravalement fur la furface des eaux qu'elles dépriment, en même temps qu'elles accablent la chaleur expanfive & fugitive de la planète.

Cependant on peut dire que ces deux aftres fe font comme emparé de ce phénomène fur route l'étendue des océans, & qu'ils en font comme les régulateurs. En effet, la réfidence conftante du foleil entre les Tropiques, y établit une zone embrafée, par laquelle fe fait l'émiffion la plus libre des feux de la planète. Les mers y seroient sans doute instantanément soulevées par-tout à une égale hauteur de 18 pouces, pour se déprimer ensuite en même temps, si le soleil n'eût lié ces deux phénomènes ensemble, en faisant refouler les vapeurs dont l'atmosphère se charge, en onde épaissie & circulaire autour du point milieu qu'il éclaire: c'est-à-dire, vers les pôles & les quadratures ; & en opérant par-là l'ascension & la dépression instantanées des mers, sur deux méridiens qui se coupent à angles droits ; de même que nous avons vu qu'il contribuoit à l'inégalité de la lune, de ses sizigies vers ses quadratures (*).

On conçoit maintenant que la lune, pouvant, par sa sphère de chaleur qui l'enveloppe, raréfier notre atmosphère propre au dessous d'elle, & en faire condenser une partie qui refoulera en onde arrondie autour de notre planète ; elle opérera au moins en petit, le phénomène que l'action

______

(*) La mer s'élevant & s'abaissant instantanément de 3 pieds entre les tropiques, au zénit & au nadir de deux méridiens qui se coupent à angles droits ; sa hauteur moyenne est de dix-huit pouces. Or la Terre ayant 108 degrés de chaleur pour procurer cette élévation, c'est 2 lignes par degrés, qui ne font que l'effet visible de l'effort prodigieux par lequel la planète soulève les vapeurs de l'Océan autour de nous.

du ſoleil opère en grand ; & comme elle touche à notre ſyſtème plus immédiatement, & de plus près que cet aſtre, elle troublera ſenſiblement ſes effets ; elle réglera elle-même les heures des marées, qui ne ſeront jamais plus fortes que lorſque l'action des deux aſtres ſera réunie, & jamais plus foible que lorſque l'effet ſera diviſé, c'eſt-à-dire, lorſque la lune ſera en quadrature avec le ſoleil.

Au reſte, le flux & reflux de l'océan & de la méditerranée n'a qu'un rapport fort lent & poſtérieur à la ſituation de la lune ſur l'horizon, ainſi que l'ont obſervé pluſieurs Phyſiciens (*). La cauſe en eſt dans la ſucceſſion de temps qu'exige la propagation de la chaleur de ce petit globe pour arriver juſqu'à nous, & dans les viciſſitudes de condenſations auxquelles l'atmoſphère eſt ſi ſujette ; ce qui apporte néceſſairement, à

(*) Quelque juſte que ſoit cette obſervation, le fait prouve du moins que la Lune a des influences bien plus immédiates ſur nous que le Soleil.

Elle influe ſur-tout très-immédiatement ſur les viciſſitudes des temps, parce qu'elle nage dans un océan de vapeurs, où elle cauſe néceſſairement un inéquilibre perpétuel, en changeant continuellement de place, & en ſe portant inceſſamment d'Occident en Orient, ou d'un Topique à l'autre.

chaque instant plus ou moins de retard à l'arrivée des feux que ce petit astre condense & pousse sous lui. Et il faut croire que les marées journalières ne peuvent pas plus se rencontrer avec la lune sur l'horizon, que les plus fortes marées ne se rencontrent avec la nouvelle & pleine lune; lesquelles n'ont quelquefois lieu que 3 ou 4 jours après que l'astre a passé en conjonction & en opposition, ou même davantage. C'est ainsi que les plus grandes chaleurs de l'été, ou les plus grands froids de l'hiver, ne se font souvent sentir qu'un mois après que le soleil a passé par les solstices.

Il résulte de cet état des choses ainsi considérées, que le flux & reflux des océans se fait des pôles à l'équateur, & de l'équateur aux pôles; ce qui est conforme à ce que disent des Marins qui ont voyagé dans le nord, *qu'il est bien difficile de ne pas soupçonner que la mer ne refoule des pôles vers l'équateur*; & à ce que disent d'autres Voyageurs aussi attentifs, qui attestent que *la mer verse sensiblement des régions de l'équateur vers les pôles* (*); ce qui provient de l'inéquilibre né-

Comment se fait le flux & reflux.

(*) MM. *des Landes & Marsigli* ont observé les courans intestins de la mer, & son flux du Midi au Nord, & des pôles vers l'Equateur.

ceffaire & conftant des eaux légères en intumefcence fous la zone torride , & des eaux déprimées,
condenfées & appéfanties par le froid, fous les
pôles. D'où il fuit un déplacement continuel,
un mouvement perpétuel & inteftin dans toute
la maffe des mers. C'eft ainfi que le fang circule dans toute l'habitude du corps, & va
de fa furface un peu humectée & rafraîchie
par l'air qui nous preffe , vers le cœur, où il
eft plus échauffé & d'où il fe reverfe à toutes
les extrêmités du corps , par un mouvement
que règlent les différens degrés de denfité ou
de froidure , de dilalation ou de chaleur ; en un
mot, les différentes températures qu'acquiert cette
liqueur dans les canaux externes des veines , ou
internes des artères qu'elle parcourt. Et c'eft ainfi
qu'avec les plus petits moyens, la nature exécute
& perpétue les plus grands mouvemens, rappele
tout fous fa main brûlante & active, & diftribue
la vie partout.

Il y a des marées de fix mois, affez uniformes;
celles des équinoxes font les plus fortes ; parce
que la lutte continuelle des eaux denfes & des
eaux légères de tout un océan, qui cherchent
fans ceffe à s'équilibrer , en coulant des pôles à

l'équateur & de l'équateur aux pôles, doit fe faire
tantôt par portions inégales, & tantôt par portions
à peu près égales. La pofition du foleil, qui y
contribue, varie confidérablement par le balancement de l'axe de la terre, qui lui préfente al-
ternativement fes tropiques & la ligne équatoriale. Or, l'on conçoit que lorfqu'il eft dans un
des folftices, les marées doivent être à peu près
uniformes; parce que dans ces circonftances, il
fe trouve moins de réfiftance à furmonter, un
moindre obftacle à forcer, du côté où fe trouve
l'aftre avec la portion la plus légère des eaux;
& le courant du pôle oppofé doit être plus libre
& plus continu, parce que c'eft le côté de la plus
grande portion des eaux pefantes ou froides; au lieu
que dans les équinoxes, on voit deux hémifphères
entiers fe précipiter, à poids égaux, l'un contre
l'autre, fe choquer, fe brifer & fe croifer avec
beaucoup plus de mouvement & de fracas. C'eft
ainfi, & par la même caufe, que notre atmofphère nous offre le phénomène de vents géné-
raux de fix mois, interrompus par des tempêtes
périodiques, dans le moment des équinoxes,

CHAPITRE II.

Du ſouffle embraſé de la Terre & de ſes divers effets.

JE comprendrai ſous le ſeul titre de ce Chapitre pluſieurs faits phyſiques ou expériences dont l'explication doit être néceſſairement rectifiée d'après les principes qui ont été établis juſqu'à préſent. Je ne m'occupe plus ici de ce grand développement de la chaleur centrale qui balance & ſuſpend la planète dans les cieux; mais ſeulement des premiers effets que ſon feu opère à côté de nous au ſortir de ſa ſurface immédiate où ſon ſouffle embraſé vivifie la nature.

Ce ſouffle embraſé eſt quelquefois ſenſible à l'œil; il produit ces feux que l'on voit quand le ciel eſt ſérein, s'élever dans la campagne à la ſurface de la terre, avec une ondulation tremblotante, & qui ſouvent nuiſent à l'aſpect des objets qu'on veut obſerver à une certaine diſtance, parce que ce même ſouffle igné s'exhale de tous les corps.

I. Il ſuffit pour que ces feux ſe manifeſtent ſenſiblement en été, que les vapeurs humides ſoulevées dans l'air pendant le jour, ſe condenſent le ſoir & ſe rabattent vers nous ſans for-

mer de nuages. On leur voit alors produire ces
éclairs que nous nommons des *éclairs de cha-*
leur; lesquels font d'autant plus forts, que la
terre a été plus échauffée par le soleil, lorsqu'il
étoit sur l'horizon. Ces éclairs se dissipent
sans aucun bruit, parce que les vapeurs rares
qui les condensent & les compriment, les laissent facilement échapper. Mais si ces vapeurs
plus accumulées, forment des nuages au dessus
de nos têtes, alors ces mêmes feux condensés
& retenus en stagnation sous ces voûtes humides, sous ces montagnes mobiles qui leur
ferment le passage, produisent des éclairs ac-
compagnés de la foudre; & ils se manifestent
avec plus ou moins de fracas sous cette voute
aqueuse pendant sa route dans le vague de l'air,
selon les régions plus ou moins échauffées au
dessus desquelles elle se promène. C'est ainsi
que j'ai entendu plusieurs fois gronder le tonnerre à Naples au milieu du mois de janvier;
lorsque des nuages venoient faire voûte au dessus
de la gerbe de fumée qu'exhale le Vésuve; tandis que plus loin, ces mêmes nuages n'occasion-
noient plus de tonnerre (*). C'est ainsi que les

(*) *M. du Chanois* étant à Naples, a fait la même observation

feux ſouterrains condenſés ſous la preſſe des eaux,
font faire éruption à un volcan, ou trembler une
partie des continens.

II. C'eſt l'expanſion fugitive & verticale de ce
feu central, qui opérant ſur le pendule qu'il pénètre plus vivement ſous les climats brûlans
que ſous les climats froids, le ramène plus efficacement vers la perpendiculaire, & l'empêche
de ſe balancer librement ; ce qui oblige d'ac-
courcir le pendule à Cayenne, par exemple, ou
au Sénégal, pour lui laiſſer moins de priſe ſur
ce conducteur ; tandis qu'au contraire, on ralentit le balancement de ce même pendule à
Torno en Laponie, en l'allongeant ; c'eſt à dire,
en multipliant la priſe du feu expanſif qui doit le
contenir vers la verticale. C'eſt ainſi que les
corps graves ſont plus légers ou plus peſans, ſelon que le feu central s'exhale plus ou moins librement à la ſurface de la terre. Ce qui établit la différence de la chûte des corps pendant

que moi ſur cet objet. (Voyez ſon mémoire ſur l'éruption du
Véſuve de 1779). Les Phyſiciens qui pratiquent l'électricité, n'auroient pas dû, je penſe, attribuer l'origine de la foudre au choc
de nuages électriſés & non électriſés ; car ſi cela étoit, un ſeul
éclair évacueroit toute une nuée.

la nuit ou pendant le jour; en été ou en hiver, sous la ligne ou aux pôles.

Les corps graves pesent vers la terre, parce qu'ils n'ont point, comme les corps célestes, une atmosphère rayonnante au loin (*). Ils ne font plus que des conducteurs mobiles du feu qu'ils participent immédiatement de la planète, & avec lequel ils fléchissent sous l'aspiration centrale qui resaisit & attire tout ce qui n'oppose pas une sphère rayonnante de feu aux siens propres. C'est ainsi que l'aimant, qui est un foyer consommateur & aspirant du fluide igné de l'atmosphère, entraine, saisit & fixe la limaille de

____

(*) Voyez art. 10 de notre Examen du systême de *Newton*, *Figure de la Terre*. Nous avons dit art VI, chap. 13, liv. 2, que l'attraction n'étoit point en raison réciproque des masses, comme le pense *Newton*; mais en raison réciproque de l'action de la plus petite masse sur la plus grosse. Ainsi la Terre n'attire pas un grain de sable, par exemple, de toute sa masse, mais en raison de la masse même de ce grain de sable, parce que la planète ne peut avoir plus de prise sur ce corps léger que celui-ci ne lui en offre & qu'il n'en a lui-même par sa grosseur: l'attraction par chaleur centrale étant une force aspirante verticale, qui ne s'attache qu'à la surface même de l'objet qui peut se prêter à son action. Ce qui fait que sur Terre, les petits corps légers sont bien moins attirés que les plus gros; ceux-ci, toutes choses d'ailleurs égales, étant plus graves. Voyez l'Encyclopédie, art. *Attraction*, où M. *d'Alembert* fait voir combien *Newton* reste éloigné de la vraisemblance sur le fait du phénomène de l'attraction ou de la chûte des corps légers.

fer. Et c'est ainsi encore, qu'un corps léger &
libre se précipite vers un conducteur électrique
pour l'alimenter de ses feux & s'en détacher
aussitôt qu'il peut s'équilibrer de lui-même par
un petit tourbillon de feu, sur celui du foyer où
il l'a puisé. La chûte des corps graves à la surface de la terre & l'écartement de son satellite,
sont fondés sur cette mécanique.

M. *Bélidor* faisant des expériences d'artillerie
à Essonne, en 1744, a remarqué qu'un boulet de
canon qui alloit à 60 toises le matin, n'étoit
porté qu'à 30 toises à midi (*). L'émanation
verticale du feu qu'exhale la terre, en pénétrant
tous les corps, ses conducteurs plus ou moins
parfaits, exposés à son action, arrête donc bien
efficacement leur projection horizontale. Et la
même tendance verticale, qui soulève d'avantage l'eau dans les tubes capillaires en été qu'en
hiver, qui fait qu'un pendule observé dans un
même endroit, va plus lentement de jour que
de nuit, ou en été qu'en hiver, amortit aussi un
coup de canon. De plus, la poudre s'enflam-
mant & se dilatant dans un air plus chaud, dans
lequel elle a moins d'embrasement à causer,
fait moins de bruit; ainsi qu'on entend plus ou

____

(*) Encyclop. art, *Poudre à canon,*

moins

moins bruire le sommet fumant du Véſuve, ſelon que les vents, qui coulent au deſſus de ſon cratère, ſont ſecs ou humides.

III. C'eſt parce qu'un mur de jardin eſt un conducteur du feu de la planète, & parce qu'il en exhale un ſouffle embraſé de toute ſa ſurface (*), qu'un arbre ne porte point ſes branches ni ſes feuilles du coté du mur contre lequel il eſt appuyé. Enfin c'eſt parce que l'activité du feu fugitif qu'exhale la planète, eſt toujours à peu près égale juſqu'à une égale diſtance de ſa ſurface, que les branches d'un arbre planté ſur un plan incliné, fléchiſſent librement d'un côté, ſous le poids de l'atmoſphère aqueuſe ſuſpendue à une égale hauteur, tandis qu'elles ſe relèvent de l'autre côté parallèlement au terrain ſur lequel l'arbre eſt planté.

IV. *Boyle* & *Newton* ont obſervé une petite atmoſphère autour des corps durs (**). Ils contiennent donc tous une chaleur inteſtine propre, ils ſont donc des eſpèces de feu concret, & leur petite atmoſphère n'eſt produite que par

---

(*) Voyez dans l'Encyclop. les ſolutions de ce phénomène.

(**) Les expériences que je cite dans ces articles IV, V, VI & IX, ſont tirées de M. *Mariotte* & du diſcours de M. *de Mairan*, ſur la glace.

le souffle embrasé de ces corps, qui dégagent leur surface immédiate du contact de l'air ambiant, en l'entassant & le suspendant à une petite distance. C'est-là le commencement du magnétisme universel, de la faculté électrisable de tous les corps, de leur attraction réciproque lorsqu'ils se rapprochent, & de leur cohésion plus ou moins forte au contact. C'est cette petite voie libre à la surface des corps durs, qui aspire le rayon de la lumière dans la chambre obscure ; c'est une aspiration plus forte encore, qui opère sa réfraction dans les fluides, en raison de leur inflammabilité.

V. On peut s'assurer, par plusieurs expériences, que les fluides sont imbibés de feu. Si vous balancez un baromètre dans l'obscurité, de manière que le mercure, que je suppose bien purifié, atteigne la partie supérieure du tube ; vous verrez une traînée de feu qui jetera une belle lumière & qui remplira l'espace qui est au dessus du vif-argent, lorsque vous remettrez le baromètre dans sa situation ordinaire.

L'eau refroidie au point de congélation dans le vide, ne se réduira en glace, que lorsque vous la remuerez & que vous lui ferez éprouver une pareille déperdition.

Vous verrez auffi la glace fe former fous vos yeux, fi dans le moment que l'eau eft prête à geler, vous promenez un fil de fer non aimanté très-près de fa furface ; parce que ce fer a afpiré le peu de feu qui rendoit la liqueur encore fluide. Une baguette de fer bien aimantée, afpireroit beaucoup plus, faifiroit, fixeroit à la file, de la limaille de fer qui concourroit à alimenter fon feu. La planète retient ou attire à fa furface tous les corps libres & détachés par la même caufe. C'eft par une imbibition pareille que font les parois d'un vafe qui contient de l'eau, que la glace fe forme premiérement fur les bords. Et c'eft auffi par une même imbibition ou afpiration, qu'une goute d'eau s'arrondit, que deux goutes d'eau fe réuniffent, que deux glaces polies fe collent enfemble, qu'un corps s'imbibe, refte mouillé & plus ou moins enduit à fa furface, après avoir été plongé dans l'eau. tel eft l'effet de la chaleur propre, inteftine & afpirante de ces corps, d'où naît leur cohéfion plus ou moins forte au contact, par une afpiration plus ou moins fortifiée en devenant commune.

VI. Si l'on met de l'eau dans un vafe, de manière qu'elle furborde un peu fon orifice ; en expofant partout ailleurs qu'au centre, un corps léger fur la furface bombée de cette eau, il va toujours de lui-même au milieu du vafe, c'eft-à-dire, vers l'endroit le plus élevé. En ne mettant de l'eau qu'à moitié du vafe, fi les parois font mouillées, l'eau s'élevera un peu contre ces parois, & y dirigera continuellement le corps léger qui flotte à fa furface. C'eft ainfi, & par ce même mouvement inteftin de bas en haut, que les criftaux & les fels rampent du fond au fommet d'un vafe, pour fe fixer à fon orifice.

Il y a des liqueurs, comme le vinaigre, par exemple, dont le mouvement inteftin que lui occafionne la pénétration du feu central, eft bien plus actif. Il fait defcendre une petite pierre plate, des bords d'une affiète vers le milieu, avec une vîteffe très-fenfible. Le mouvement plus actif encore des acides, déchire les métaux foumis à leur action. Un métal divifé par un menftrue qui a pu le déchirer parfaitement, fe précipite par la mixion d'une autre liqueur, lorfque cette dernière accable, altère ou refroidit l'activité de la première.

VII. On met un tube capillaire dans l'eau, & la liqueur y monte au-deffus de fon niveau, par la même tendance inteftine & fugitive du fouffle vecteur de la planète, de ce souffle vivifiant qui pousse la sève dans les fibres étroites des végétaux, qui agite le sang des animaux, & qui soulève les eaux de l'océan (*). Plus on enfonce le tube, plus l'eau y monte au-dessus de son niveau, parce qu'alors le fluide igné s'y trouve en plus grande quantité, & prend sa direction de plus loin : dans le vide, la liqueur monte encore un peu plus haut, parce que ce souffle igné, dégagé de l'atmosphère qui l'accable toujours plus ou moins, y devient plus actif. Enfin le tube capillaire le plus étroit soulève une plus grande colonne d'eau, parce que plus les pores des corps sont petits, (car un tube capillaire n'est ici que le représentant d'un pore mesurable) mieux le feu s'introduit, & plus il conduit loin les liqueurs dont il est le vecteur. Delà l'imbibition des fluides dans tous les corps poreux.

La forme des corps influe sur leur facile aspiration ou imbibition du fluide igné. Une pointe incise mieux que les formes obtuses, parce qu'elle offre une divergence moins éparpillée dans son intromission. Et c'est ce qui fait que les pointes sucent la lumière & l'électricité avec une facilité qui n'est comparable qu'à celle avec

____

(*) Voyez Examen du Système de Newton, art. 16.

laquelle les petits tubes capillaires saisissent l'eau,
en comparaison de tout autre corps poreux de
forme obtuse.

Cependant plus les pores des corps sont
ténus, plus ils excluent toute autre matière que
le feu, qui s'y introduit pour lors tout seul :
ou du moins, il atténue continuellement dans
l'intérieur des corps ce qui s'y est introduit
avec lui, pour le souffler au dehors ; delà naît
l'aspiration ou l'attraction de tous les corps.

VIII. Ne seroit-ce donc pas de la double faculté
expansible & attractive de ce fluide igné résidant
dans tous les corps, que résulteroit la forme
des cristaux contre les parois des rochers fendus,
en saisissant à la file les unes des autres, les
particules humectées de la poussière impalpable
vitrée, qui se rencontre sur sa route ? De même
que la limaille de fer s'arrange, sous une forme
plus ou moins symétrique, autour d'une pierre
d'aimant.

Pour lors, la forme d'une première molécule
dirigeant ce souffle & cette aspiration qui la
pénètrent, en raison de ses angles & de ses
faces plus ou moins symétriques, elle co-ordo-
nera la superposition de toutes les autres molécules qui s'ajouteront à sa surface, pour nous

produire ces stalactites de diverses formes régulières
que nous nommons des cristaux ou des pierres
précieuses : & ainsi des métaux, qui s'amassent &
s'entassent sous toutes les formes, dans les creux des
montagnes. Et toutes ces diverses molécules cohè-
rent entre elles, par leur aspiration réunie &
fortifiée, en devenant commune (*).

(*) La cohésion des corps plus ou moins forte consisteroit-
elle donc dans l'équilibre infiniment varié du souffle & de l'aspiration inhérans à toute la matière, par-là même qu'elle est toujours imbibée de feu, ou plutôt, puisqu'elle n'est vraiment qu'un
feu concret ? C'est-à-dire, n'y a-t-il jamais cohésion là où il n'y a
qu'une aspiration ou un souffle décidé ou en inéquilibre ? Et
l'organisation ne commence-t-elle qu'au croisement combiné du
feu qui pénètre tout ? (*Mairan*, Discours sur la glace).

Ce croisement sous lequel toute matière se dilate & se con-
tracte tour-à-tour, est-il ce qui coordonne cette organisation
universellement capillaire & tubulaire de molécules saisies à la
file les unes des autres, depuis le système fibreux qui constitue
l'homme, le cheval, ou un végétal quelconque, jusqu'à la foible
chevelure que forme l'eau qui se résout en glace ou en neige, la
chevelure plus foible que forme la limaille de fer au tour d'un aimant, l'équilibre d'une feuille d'or entre le doigt & un conducteur électrique; enfin les végétaux chimiques, comme l'arbre de
Diane ? &c. &c.

Enfin l'organisation ne semble-t-elle pas abandonnée à deux
puissances, l'une qui humecte, qui alimente, qui soude & con-
tracte; & l'autre qui exfolie, qui pénètre, qui dilate & qui aspire
en atténuant ? Tels paroissent être le *Feu* & l'*Eau*, ou l'*Air* qui
n'est que de l'eau, qui, au moyen de quelques ingrédiens inter-

IX. Le ſouffle embraſé de la Terre pénètre donc ſi intimement tous les corps, qu'il doit nous être impoſſible de calculer leur chaleur ou leur refroidiſſement abſolus. En effet, lorſque nous croyons le fer bien froid, par exemple, parce qu'il ſera, je ſuppoſe, d'une température actuelle au-deſſous du froid de la congélation, dans cet état, il fait encore fondre la glace par ſon attouchement, plus vîte que la paume de notre main ne la diſſout. C'eſt ainſi que les acides gardent leur feu ſans chaleur ſenſible, le bois luiſant, ſa lumière ſans ſe conſumer, un corps électriſé, ſon feu ſans lumière, &c.

Si le fer récèle conſtamment du feu, il eſt donc en petit, ce que la planète eſt en grand, un foyer d'attraction, qui conſumant plus ou moins efficacement ce qu'il abſorbe, exhale ſans ceſſe, pour attirer de nouveau. (Et ainſi de toutes les matières animales, végétales, ou minérales qui contiennent toujours plus ou moins de chaleur.) Sa propriété magnétique doit nous

médiaires, organiſent une anguille dans le vinaigre, un verre dans la farine, &c. ... Commençant toute organiſation par des fils qui ſervent de gaines, de canaux conducteurs aux deux fluides qui y portent l'un le mouvement, & l'autre les matériaux humectés qui doivent ſervir au développement, &c. &c. &c.

faire rechercher ſa conſtitution organique, pour pouvoir rendre raiſon de la direction & de l'inclinaiſon de l'aiguille aimantée.

Le fil de fer, comme on ſait, ſert pour les tons les plus aigus des inſtrumens à cordes de métal. Or, cette forte tenſion qu'il peut ſupporter, ſemble indiquer que ce métal eſt fait de cheveux qui peuvent ſe filer & ſe cordeler comme notre chanvre. Et c'eſt ſans doute la partie barbue de cette organiſation filandreuſe, ou *nerveuſe*, comme diſent les artiſtes, qui étant très-mobile, ſe hériſſe avec plus ou moins de rigidité ſous le ſouffle igné de la Terre (*). Lorsque ce ſouffle *tranſpaſſant* n'a qu'une direction, l'aiguille aimantée s'organiſe en conſéquence, ne ſe hériſſe que d'un côté, & elle a deux pôles différens qui ne ſe dérangeront point que par la commotion d'une chûte, ou d'un frottement, qui faiſant vibrer ſes parties mobiles, les dirigera en différens ſens.

Son inéquilibre horizontale ſous nos climats, indique ſenſiblement que ſon pôle auſtral a une aigrette, inviſible, à la vérité, mais non moins

---

(*) Je compare cette organiſation barbue du fer, à la barbe d'une plume, ou ſi l'on veut, à celle qui ſe produit autour d'un fil de chanvre, lorſqu'il eſt électriſé.

réelle que celle qui ſort d'une pointe de métal appliquée à un conducteur électrique ; & c'eſt cette aigrette qui, par une legère reſiſtance élaſtique, fait bondir & relever l'aiguille ſur le courant igné que la preſſe de l'atmoſphère aqueuſe fait fuir inceſſamment des pôles vers l'équateur (*).

Deux aimans qui ont de pareils pôles, ſe repouſſent par ceux de même nom, parce que, ou leurs aigrettes ſaillantes ſe choquent, ou le fluide qui vient les ſaturer ſe fait faire place entre eux deux, pour s'introduire dans chacun de ces conducteurs. Ils s'attirent au contraire par les pôles de différens noms, parce que l'aigrette de l'un ſert d'aliment à l'autre qui l'aſpire de toutes ſes forces. Enfin, ils perdent leur inclinaiſon ſous la ligne, parce que là, ils ſont également pénétrés & hériſſés de part & d'autre par le fluide igné qui s'y croiſe, en accourant également des deux pôles.

De l'élaſticité. X. L'Elaſticité des corps paroît appartenir à leur plus ou moins forte imbibition de fluide igné. On peut en juger par la conſtitution organique du verre ; laquelle étant très‑denſe, des

---

(*) Je conviens que le ſens de la vue ne nous arreſte pas cette conſtitution organique du fer & l'aigrette du pôle auſtrale d'une éguille aimantée ; mais les analogies ne nous en révèlent‑elles pas aſſez pour que les yeux de l'eſprit voyent ainſi ?

plus parfaitement homogènes, & des plus également poreufes, en fait auffi le conducteur le plus imbibé de feu, & dès-lors le plus élaftique de tous les corps. Delà le coup foudroyant de la bouteille de Leyde, par la direction du fluide igné, porté par un conducteur contre la furface du verre. Delà, la fufion des métaux par les rayons refléchis du foleil fur le miroir ardent; la propriété des miroirs en glaces planes, de refléchir l'image des corps, &c.

XI. C'eft donc par leur pénétration intime & conftante de feu, & par l'élafticité qu'il en réfulte à la furface de tous les corps, qu'ils réfléchiffent plus ou moins vivement la lumière & nous donnent la fenfation des couleurs (*). Lorfque la liqueur bleue de tournefol prend la couleur rouge par le mélange d'un acide, c'eft qu'elle a reçu un degré de plus d'élafticité, qui réfléchit plus vivement la lumière. Enforte que la première preuve de l'exiftence & de la préfence

(*) Voyez l'optique de *Newton*, où ce philofophe, après avoir dit dans fes principes mathématiques, qu'il doutoit que la lumière fût un corps; établit que la lumière n'eft point une matière homogène. Le P. *Malbranche* a dit qu'il falloit du mouvement à la furface des corps pour réfléchir la lumière & nous donner la fenfation des couleurs. Encyclop. art. *Couleur*.

universelle du feu de la terre, eft à nos pieds
dans les objets diverfement colorés qui nous en-
vironnent.　Je vais terminer ce chapitre par l'explication de l'arc‑en‑ciel.

XII. J'ai vu le plus beau phénomène de ce
genre à la cafcade de *Terni* en Italie, où j'ai
obfervé, non un arc-en-ciel ordinaire, mais un
cercle‑en‑ciel abfolument entier, deffiné dans le
brouillard de vapeurs rares que forme le *Velino*, en
réjailliffant en poudre à une très-grande hauteur,
après s'être précipité à plus de 200 pieds deprofondeur (*).

J'eftimai ce cercle-en-ciel de 100 pieds de diamètre, plus ou moins.　Mais ce que je remarquai
plus particulierèment, c'eft qu'il formoit une
bande conique qui s'enfonçoit très vifiblement à
la profondeur de toute la zone colorée, l'orifice intérieure & la plus obfcure étant la plus
étroite & la plus éloignée de moi, de manière
qu'elle ne pendoit point perpendiculairement
à terre.　Ce qui formoit un iris en forme de
cuve fans fond.

Cette nouvelle manière de voir ce phéno-

(*) Le Capitaine *Cook* dans fes derniers voyages au pôle auf-
tral, a vu plufieurs fois des cercles-en-ciel dans les brumes qui
l'environnoient.

mène, me le fit attribuer à une lumière graduellement affoiblie ou obfcurcie fur la file des globules d'eau que mon œil miroit dans l'épaiffeur du brouillard , & fur la furface desquelles la lumière ruiffeloit pour réjaillir jufqu'à moi. Expliquons ceci par un objet de comparaifon (*).

Lorfque vous êtes à l'entrée d'une grande allée d'arbres à peu près égaux en groffeur , également efpacés & rangés fur deux lignes parallèles, ce qui vous frappe, c'eft premièrement le rapprochement de ces deux lignes parallèles à leur extrêmité; 2°. le rapprochement des arbres entre eux qui paroiffent toujours fe toucher de plus près ; 3°. leur diminution fenfible de groffeur, enforte que les derniers paroiffent plus petits que ceux qui font plus près de vous ; 4°. le développement des demi-furfaces tournées vers vous, qui diminue graduellement & fenfiblement par la pofition des arbres les uns devant les autres ; 5°. enfin, le jour fous lequel vous les voyez, qui femble auffi s'affoiblir graduellement & fenfiblement, à mefure que ces objets, qui fe cachent plus ou moins les uns derrière les autres , vous

---

(*) Voyez *Muffenbroek* . *Newton* & *l'Encyclopédie* , où ce phénomène eft expliqué de diverfes manières.

offrent une moindre portion ou courbure de
leur circonférence.

Tel eft l'arrangement & la manière de voir
ces files de globules d'eau que notre œil mire
dans la profondeur d'une pluie rare ou d'un
nuage de vapeurs, comme celui que j'ai vu à la cafcade de Terni ; & tel eft l'effet de la lumière
qui dégrade d'éclat depuis les premières globules
jufqu'à celles qui font le plus éloignées de nous.

Ce phénomène, foit partiel ou total, eft fuf-
ceptible de toutes les dimenfions poffibles. Le
fommet des arcs-en-ciel eft ordinairement plus
éloigné de nous que leurs bafes, lefquelles, en
conféquence, font toujours un peu élargies. Cela
dépend de l'élévation du foleil par rapport au
fpectateur. Cet aftre étoit voifin de l'horizon,
lorfque j'ai vu l'arc-en-ciel de Terni ; j'obfer-
vois de deffus des rochers fort élevés qui font
en face de la cafcade, & mon rayon vifuel étoit
parallèle aux rayons du foleil.

Plus le phénomène eft éloigné de nous, plus
fa frange eft large, profonde & obfcure. Un
fecond arc-en-ciel eft toujours l'inverfe en couleurs & en dimenfion du premier ; c'eft-à-dire,
qu'il va de l'étroit en s'élargiffant dans fon enfoncement : un troifième eft la répétition du premier, & ainfi du refte, préfentant conftamment

le rouge de notre côté ſur ſa plus grande circonférence exterieure, ſi c'eſt un premier arc-en-
ciel; ſur la plus petite circonférence intérieure,
ſi c'eſt un ſecond arc-en-ciel; enfin, ſur la plus
grande circonférence extérieure, ſi c'eſt un troi-
ſième. Enſuite le jaune, le vert, le bleu & le
violet toujours dans le plus grand enfoncement.

Il eſt aiſé maintenant d'appliquer cette explication aux couleurs priſmatiques qui nous pro-
duiſent le phénomène de l'arc-en-ciel. Puiſque
cet inſtrument peut être conſidéré comme un
amas de petites globules d'eau, entre leſquelles
la lumière frole & s'affoiblit graduellement par
la divergence que le priſme donne aux rayons
du ſoleil.

La lumière eſt donc d'une nature parfaitement homogène; l'élaſticité ſeule des corps qui
la refléchiſſent, en fait les nuances plus fortes ou
plus foibles, de même que les ſons ſont le produit des vibrations variées des corps ſonores.

Quant à la forme arquée de l'arc-en-ciel, elle
eſt abſolument due à la forme ronde de notre œil; puiſqu'en nous appliquant un priſme
ſur cet organe, les objets droits que l'on regarde à travers, ſont toujours arqués. Et c'eſt
encore la forme voûtée & orbiculaire de cet

organe de la vue, qui fait que nous voyons l'arc-en-ciel comme une frange pendante plus ou moins perpendiculairement à l'horizon (*); que nous voyons une longue allée d'arbres alignés fe rétrécir fur la diftance & un peu circu-lairement; les nuages former une voûte furbaiffée au deffus de nos têtes & toucher à notre horizon; & c'eft ainfi qu'on voit fon horizon fur mer, fe relever à une certaine diftance, & former une concavité dont l'obfervateur occupe le centre.

Je n'en dirai pas d'avantage fur tous ces différens objets qui auroient pu être traités plus en grand. Mais ce peu de raifonnemens doit fuffire pour faire voir, comment tous les phénomènes de la nature tiennent à l'agent que nous avons pris pour principe de tout mouvement & du mécanifme entier de la nature.

(*) On peut rendre ceci fenfible par un exemple. Si vous voyez à une certaine diftance, dans la campagne, deux arbres ifolés, fur la ligne defquels votre rayon vifuel fait un très-petit angle, tous deux vous paroîtront également éloignés de votre œil; & c'eft par la même raifon de ce rapprochement occafionné par la forme de notre œil, que l'arc-en-ciel reffemble à une frange pendante perpendiculairement à l'horizon.

FIN du troifième Livre.

MÉCANISME

MÉCANISME
DE LA
NATURE.

LIVRE QUATRIÈME.
THÉORIE DE LA TERRE.

CHAPITRE PREMIER.
De la formation des Montagnes.

M. De *Buffon* paroît avoir été induit en er- ⸿ *Opinion de M. de Buffon.*
reur sur la symétrie organique & intérieure des
montagnes, par *Wodward* qu'il cite souvent,
& à qui il s'en est trop rapporté sans doute,
lorsqu'il a supposé, d'après cet Anglois, des lits
de pierre décroissans toujours de blancheur &

O

de fineſſe de grain, de haut en bas, & croiſſans conſtamment depuis les couches ſupérieures juſqu'aux inférieures, en dureté, en denſité & en épaiſſeur. Cet illuſtre naturaliſte paroît encore avoir avancé, ſans aucun fondement, que tous les grands bancs de rochers rompus ou partagés, ſont poſés ſur un lit de glaiſe ; que ces aſpérités groupées les unes à côté des autres, ont conſtamment des angles ſaillans correſpondans à des angles rentrans, enfin qu'elles ſont toujours plus on moins couvertes de dépouilles maritimes, comme de coquillages ou d'autres foſſiles (*).

Je ſuis obligé de dépoſer contre cet énoncé de l'organiſation intérieure & extérieure des montagnes, qu'il eſt très-peu conforme à leur état vrai ; m'en étant aſſuré par moi-même ſur plus de neuf cents lieues de terrain, en faiſant un voyage en Italie, que j'ai entrepris pouſſé par mon doute ſur cette prétendue ſymétrie, autant que par celui que me laiſſoit la théorie même qui en attribue la formation & l'arrangement au mouvement du flux & reflux de la mer.

Depuis que j'ai vu les ruines *d'Herculanum* & de *Pompeii* & l'immenſité de matières qui re-

____

(*) Voyez *Buffon*, *Théorie de la Terre*, & les preuves, articles 7, 8, 9, 12, 13, 17, 19, & les époques de la nature.

couvrent la bafe du Véfuve & que ce volcan a rejetées de fon fein, je fuis reflé convaincu que toutes les couches parallèles & homogènes de matières quelconques qui entrent dans la conftitution organique des montagnes & de nos continens, font des jets de laves volcaniques.

En defcendant dans Herculanum le 12 du mois de janvier 1783 ; la première chofe dont je fus frappé, fut de trouver l'ouvrage du feu me reproduire fous les yeux le travail fymétrique que MM. de *Maillet* & de *Buffon* attribuent au mouvement des eaux : c'eft-à-dire, 80 pieds de laves, comprenant une première pierre tendre de 50 pieds d'épaiffeur, dans laquelle Herculanum a été abymé & fe retrouve incrufté aujourd'hui : puis 30 pieds d'autres laves de différentes denfités, de cendres, de fable, de terre, de pierre très-dure ; toutes enraffées fur le premier lit de 50 pieds, & arrangés par couches parallèles & homogènes, tels que font les bancs de pierre des montagnes & les lits de toutes les matières qui conftituent nos continens.

Je ne puis diffimuler qu'à peine j'eus comparé tous ces objets fi neufs, mais fi analogues, ou pour mieux dire, fi femblables à tout ce que j'avois vu jufque-là, que faifi auffitôt d'une

espèce de conviction sentie, je ne pus me re-
fuser à l'empressement de conclure que toutes
les montagnes de l'univers pouvoient bien être
formées par des éruptions de volcans (*).

Cette origine, du moins, me donnoit tout de
suite la raison de leur élévation brusque, de la
position d'une montagne à côté d'une autre montagne, sans aucune correspondance d'angles saillans & rentrans. J'y voyois la cause de l'homogénéité de matière de toutes ces couches,
qui, entassées indifféremment, quant à leur
épaisseur ou leurs densités les unes sur les autres,
ne laissent voir aucun ordre symétrique dans
leur organisation intérieure. Ce que je voyois
autour de moi, me prouvoit que la pierre pouvoit

(*) Voyez l'Encyclop. & *Valmond de Bomare* au mot *Terre*.
Lazare Moro d'après *Ray*, le P. *Générelli* & M. *de la Condamine*
paroissent pencher pour cette opinion. *Wodward*, *Scheutzer*, *Leibnits*, *Burnet*, *Newton*, &c. attribuent l'origine des montagnes au
déluge universel. M. de *Maillet* & M de *Buffon* à un déluge successif sur toutes les différentes parties de la Terre. Enfin il y a
un sentiment particulier de quelques Physiciens qui pensent que
les montagnes sont aussi anciennes que le monde, & que les coquilles fossiles qu'elles recèlent dans leur formation, sont des
générations spontanées & analogues aux sucs lapidifiques des
pierres dans lesquelles elles se trouvent enfermées. Voyez aussi
les *Lettres à un Américain*, M. *Pallas*, & plusieurs autres ouvrages où l'on a critiqué la Théorie de la Terre de M. de *Buffon*, &c.

prendre, au feu d'un volcan, tous ces différens degrés de dureté que nous lui voyons, depuis le porphyre jusqu'à la craie ; que les couches de ces matières pouvoient n'avoir qu'une étendue aussi limitée que celle qu'on rencontre si souvent dans la formation des montagnes. Cela me démontroit surtout que chaque banc de rocher coulé par jet, devoit, par l'ensemble de sa fusion, d'où naît la cohésion & la ténacité de ses parties, offrir une épaisseur égale dans toute son étendue, & sur ses bords comme au milieu.

Je cherchois ainsi à résoudre précipitamment du fond des fouilles d'Herculanum, plusieurs difficultés qui m'avoient toujours paru insurmontables jusqu'à ce jour ; & je me sentois comme soulagé, d'oser ne plus croire que le porphyre fût formé de pointes d'oursins ; que le marbre fût coloré par des terres ; que le charbon minéral dût ses feuillets à des végétaux pourris & amoncelés par les eaux ; que la pierre fût faite d'une poussière coquillière déposée par le flux de la mer & jamais remportée par le reflux ; que les poissons familiers avec les eaux eussent si souvent péri sous les plus petites lamelles de matières dans lesquelles on retrouve leurs empreintes ; j'osai aussi ne plus croire, que ces continens & toutes ces aspérités qui dominent au-dessus des mers, fussent un ouvrage sorti du sein de ces mêmes eaux que je vois si constamment au-dessous du niveau des continens, & dont je ne pouvois concevoir la suspension au-dessus du sommet élevé des plus hautes montagnes. J'étois au milieu d'une ville incrustée dans une lave de cinquante pieds d'épaisseur, qui étant tombée en pluie, avoit laissé tous les murs perpendiculaires & en place; & ce fameux phénomène m'expliquoit enfin l'incrustation de toutes les fossiles dans les entrailles de la terre.

Pompeii.

Plein de ces pensées, je sortis d'Herculanum pour aller à *Pompeii*, que je trouvai enfoui sous 30 pieds de laves arrangées encore par couches homogènes & parallèles, de terre, de sable, de gravier rond, de pierre dure, de scories pleines de cristaux à 24 faces, &c. On conçoit que ce spectacle ne put que me confirmer dans ma nouvelle idée sur la formation des montagnes. Les phénomènes des éruptions du Vésuve, que je rapporterai après avoir parlé des volcans, doivent désabuser, ou fournir les preuves de cette théorie.

CHAPITRE II.

Du Vésuve, & des Volcans en général.

Je venois de me promener sous les laves du Vésuve & à sa base; je fus bientôt à son sommet. Je portai d'abord mes yeux dans l'intérieur du volcan, dont une gerbe de fumée noire & épaisse me cachoit ou me découvroit, au gré du vent, l'abyme, jusqu'à 200, ou 250 pieds de profondeur. Je pus voir toute l'ouverture du cratère à plusieurs réprises, & je remarquai d'abord, qu'elle est beaucoup trop étroite pour recevoir assez d'eau par les pluies, & produire toute la fumée qui sort continuellement de ce volcan.

J'imaginai donc que ces effroyables abymes, étant des boursoufflures, des cavités profondes provenant de la chaleur centrale du globe, dont les voûtes épaisses s'étoient crévées, ou plutôt ou plus tard dans quelque endroit par les efforts d'un feu trop concentré sous le froid environnant des eaux; je pensai, dis-je, premièrement, qu'il devoit suinter & stiller des eaux de toutes parts,

O 4

en plus ou moins grande quantité, à travers ces voûtes prolongées sous les mers, & qu'elles devoient entraîner en même temps avec elles plus ou moins de matières semblables aux stalactites froides que nous voyons dans les grottes des montagnes; j'imaginai en second lieu, que cette eau, à son arrivée dans ces fournaux embrasés, devoit s'évaporer en partie par le tuyau qui en est la cheminée, & tomber aussi en partie sur l'âtre brûlant du volcan, avec les matières qu'elle entraîne.

Or, c'est-là, c'est au milieu de cette eau même, comme dans la machine de Papin, si j'ose comparer de petites choses aux grandes, que ces matières recevant tous les degrés possibles de cuisson, deviennent liquides, brûlantes & embrasées, & finissent enfin par faire éruption au dehors, lorsque l'eau bouillonnante & comme enflammée par les fermens métalliques, ou la concentration de la chaleur centrale, se dilate vivement, remplit tout-à-coup la capacité des voûtes souterraines, & rejette, par les voies qui lui sont ouvertes, tout ce qui nageoit à sa superficie & contribuoit à sa prodigieuse ébullition.

Cette grande effervescence a lieu sans doute chaque fois que les eaux stillantes, toujours fraî-

ches à leur arrivée, ne peuvent plus tempérer
l'incendie des matières volcaniques ; mais bientôt elles servent, avec le contact de l'air extérieur, à en appaiser l'éruption. De même qu'on
voit le piston d'une pompe à feu s'élever & s'a-
baisser par l'effet d'une eau échauffée ou rafraîchie, & soulever par le lévier qui lui est adapté,
les masses les plus pesantes.

Leur ex-
tinction.

Pourquoi donc, demandera-t-on, les volcans
s'éteignent-ils ? C'est qu'ils prolongent insensi-
blement le continent autour d'eux & font reculer les eaux de la mer qui baignoient leur base ;
c'est que ces mêmes eaux, par leur retraite & le
laps de temps, cessent de recouvrir ces énormes
voûtes qui se prolongent sous les mers ; & que
ne concentrant plus leurs feux & ne les alimen-
tant plus, leur base dégagée de l'attouchement
froid des eaux, offre des voies libres à l'expansion de la chaleur centrale du globe. C'est ainsi
que le bois luisant perd sa lumière dans le vide
de la machine pneumatique, par sa trop grande
diffusion, & qu'il ne brille que lorsque l'atmosphère le touche de toute part. Ou c'est ainsi,
que le feu du petit volcan de *Pietra-Mala* (situé
sur les Apennins entre Bologne & Florence)

que j'ai vu s'élever à la hauteur d'un pied au sortir de terre, par un temps sec, s'éleve de 6 ou 8 pieds dans les temps humides, & plus haut encore dans les temps de pluies & de neiges (*).

Mais à peine un volcan est il fermé, que ses voûtes ramifiées & prolongées sous les mers, se crévent bientôt dans quelque endroit, offrant une nouvelle bouche embrasée au-dessus des sinuosités que le feu de la planète s'est ouvertes, & qu'il a fait renfler de côté & d'autre dans les premiers progrès de son refroidissement ; les volcans se formant ainsi de distance en distance au-dessus de leurs voûtes, ont produit toutes les chaînes tortueuses des montagnes de la terre. Et une mer de laves rejetées de leur sein, a comblé de ses flots de matières brûlantes & fon-

---

(*) Ce petit volcan de *Pietra-Mala*, est dans le Duché de Toscane ; je remarque, au sujet de son augmentation de vivacité en hiver, que *Leibniz*, *Descartes*, *M. Iton* & plusieurs autres grands génies, ont éprouvé que nos idées sont plus pressées, plus fortes, plus continues dans le fort de l'hiver qu'en été. Les manœuvres remuent de plus grosses masses & font de plus gros ouvrages en hiver qu'en été. Il n'est guère de personnes qui n'ayent expérimenté que nos plaies nues sont bien moins douloureuses par le chaud que par le froid. Beaucoup de nos infirmités & de nos maux, proviennent & s'agravent par le froid, &c... La physique de l'homme tient de bien près à la physique terrestre.

dues, le lit de l'océan dont nous occupons la place & dont nous trouvons sans cesse les dépouilles sous nos pas.

En regardant dans l'intérieur de la bouche du Vésuve, je remarquai des lits parallèles & homogènes de différentes matières, ne formant sur l'anneau de ce puits de feu, qu'une portion de son mur de côté ou d'autre. Je crus donc pouvoir conclure, 1°. que les montagnes volcaniques ne sont point formées de la roche primitive du globe, comme le pense M. de *Buffon* ; quoique toutefois ce soit sur cette roche primitive que doivent poser leurs foyers d'embrasement ; mais à des profondeurs que j'estimai de plusieurs mille toises au dessous de notre horizon (*). 2°. Que ces montagnes volcaniques ne sont que des amas de laves entassées successivement dans tous les sens autour de leur ouverture, laquelle s'est ainsi portée toujours plus haut. 3°. Enfin, que le Vésuve formant un pic presque arrondi, détaché de l'Apennin, isolé comme sont l'Etna, l'Hékla, le

---

(*) M. *de Buffon*, d'après *Borelli*, pense que le feu des volcans ne vient point du centre, ni du pied de la montagne, mais qu'au contraire, il sort du sommet, & ne s'allume qu'à une très-petite profondeur. (Théorie de la Terre, art. 16) M. *Ray*, dont le sentiment est que le feu des volcans vient d'une très-grande profondeur, s'approche sans doute plus de la vérité.

Ténérife, &c. on ne peut plus croire que les mers ayent entaffé ces bancs de pierre qui fe trouvent établis parallélement de part & d'autre jufque vers le fommet de ces volcans. Comment des feux fouterrains fe feroient-ils fait jour à la pointe de ces montagnes, à travers tous les bancs de pierre qui en forment l'élévation ?

Lave de 2 lieues de longueur.

J'avois traverfé, pour arriver au Véfuve, la lave de la fameufe éruption de 1779, fur une largeur peut être de plus de cent toifes. On m'affura qu'elle s'étoit étendue fur une longueur de deux lieues ou 6 mille toifes, dans un ravin où elle devoit avoir pris plufieurs pieds & fouvent quelques toifes de profondeur. Lors de fon éruption, elle fe dreffa à la hauteur d'une lieue perpendiculaire, (felon les obfervateurs les plus modérés) au-deffus du cratère du Véfuve, & y refta fufpendue près d'un quart-d'heure avant de céder au vent d'orient qui lui fit prendre fa direction vers la mer du côté du couchant. Cette énorme gerbe a produit une pierre exceffivement dure qui eft très-vitreufe.

Epaiffeur des voûtes volcaniques.

Cette prodigieufe quantité de matières que rejettent les volcans, lefquelles, par leur entaffement fucceffif & par le laps de temps, forment

nécessairement des continens ou des montagnes
plus ou moins élevées, me fit penser que les
voûtes qui recouvrent ces affreux creusets, devoient avoir au moins quelques mille pieds d'épais-
feur; 1°. pour supporter la masse des mers sous
lesquelles elles poussent des rameaux immenses;
2°. pour soutenir la vive dilatation d'une eau embrasée , qui de temps en temps fait effort contre
toutes ces voûtes pour jaillir en pluies brûlantes
au dehors, ou pour soulever brusquement quelques
lieues cubiques de pierre, de verre ou de métal
fondu; 3°. Enfin pour pouvoir fournir, pendant
nombre de siécles, des stalactites alimentaires à
ces foyers dévorans qui forment des montagnes
autour d'eux, & dans lesquels les matières doivent d'autant plus abonder, qu'ils atténuent
& consomment prodigieusement avant de rien
rejeter.

Que l'on conçoive maintenant, si le magasin
de matières volcaniques est sitôt épuisable; & si
ces vaisseaux chimiques n'ont pas pu cuire le porphyre, le granit, le basalte, le marbre noir ,
souder les marbres brèches, nous vomir des
jets de pierre fondue de toutes les densités ;
enfin nous donner la terre végétale, le sable
& les cailloux qui sont répandus sur la surface

sèche du globe; selon que ces matières auront
été plus ou moins atténuées & cuites au feu dévo-
rant des volcans.

Cette idée d'une consommation de matières par
embrasement, me fit penser qu'il existoit dans la
nature une *attraction par chaleur ;* & que le feu des
volcans que je venois de considérer comme
une force impulsive, devoit aussi avoir une force
attractive, en tant que par cette attraction, je
concevois une aspiration forte de cet agent destructeur & consommateur, qui doit pomper &
attirer puissamment à lui tout ce qui peut l'alimenter, l'attiser, le perpétuer & combler
le vide énorme que fait sans cesse sa consommation & sa raréfaction partout où il réside
& tout autour de lui.

Ces immenses laboratoires où le feu pétrit
la pâte des montagnes pour les couler par tant
de jets différens sur la surface de la terre,
sont disois-je, des abymes de chaleur au-dessus
desquels il doit résider une forte presse, par
la succion ou attraction immense qui aspire du
plafond l'eau & le sable goutte à goutte : de
même que l'eau se précipite dans un gobelet
sous lequel on a fait un peu de vide par la
flamme d'un papier. Mais si cette attraction

devient trop confidérable, les ftalactites bientôt
ne fuintent plus affez vîte pour tempérer &
alimenter la chaleur qui l'occafionne ; le feu fe
concentre plus vivement dans le creufet terreftre,
& les plus affreufes convulfions fuccèdent après
un long calme, pour nous produire le travail le
plus facile & le plus clandeftin de la nature.

Je ne fais pas fi les mers, du moment qu'elles
font defcendues fur la planète, après avoir été
tenues pendant quelque temps en évaporation
dans l'atmofphère, ont couvert toute fa furface
& toutes les inégalités dont elle fe fera hériffée,
comme fait la lave au fortir d'un volcan dans
le premier progrès de fon refrodiffement : mais
il fuffit d'entrevoir qu'à peine les vapeurs dont
elles ont d'abord environné la planète, ont pu
fe condenfer ou s'inéquilibrer pour retomber
de temps en temps ou en partie fur la terre
& y repofer enfin totalement ; qu'auffitôt la
chaleur centrale à fait crever en plufieurs endroits
la croute fuperficielle du globe, fur-tout par
fes éminences ; qu'auffitôt il y a eu une quantité
prodigieufe de volcans dont le nombre a diminué enfuite fucceffivement, ainfi que leurs éruptions, qui fans doute ont dû être dans ces premiers inftans très-abondantes. Enforte qu'il eft

vraisemblable que dans le commencement, ces mêmes continens que nous voyons de nos jours s'étendre si lentement, se sont accrus très-rapidement, & qu'il n'a peut-être pas fallu beaucoup de temps pour qu'ils devinssent féconds & habitables. Il n'y a donc pas de doute que plus les limites des continens terrestres ont été circonscrits, plus ils étoient incendiés; & qu'ils n'ayent été pendant quelque temps le théâtre du feu.

Enfin ces premiers volcans ayant déjà reculé loin d'eux les mers en étendant leur base par leurs éruptions fréquentes & copieuses, d'autres volcans se sont formés au bord des eaux; des îles se sont jointes à des îles voisines, & les continens assez accrus pour offrir par leur grande surface sèche une voie plus libre au feu qui a besoin d'émaner de la planète, ont été de jour en jour plus solides & moins désolés. Les volcans ont depuis constamment diminué de nombre; leurs éruptions sont devenues graduellement moins abondantes & moins fréquentes, & nous ne voyons plus aujourd'hui que les légers symptomes d'un travail accompagné jadis des plus grandes convulsions qui renouvelloient ou changoient la face du globe & qui ont formé toutes ses aspérités.

Cette

Cette cause des aspérités du globe est plus
plausible, sans doute, que celle qui donne à
penser que les mers se sont promenées sur le
Caucase, sur *l'Epine du monde*, les *Alpes*, les
Pyrénées, les *Cordilières*, &c. pour entasser ces
bancs parallèles de matières homogènes qui
entrent dans leur formation ; ce qui suppose
d'ailleurs un premier ordre de matières, pareil
à celui que l'on veut expliquer.

Le feu de *Pietra-Mala* qui se fortifie & s'élève
de 10 à 12 pieds dans les temps de pluies &
de neiges, offre une belle analogie pour rendre
sensible ce que nous venons de dire. En effet,
ce phénomène prouve que la presse des eaux
concentre, attise & alimente même le feu en
grande masse ; que par conséquent, ce n'est
que par la plus sage économie, que l'auteur de
la nature à recouvert d'eau notre planète. Je
ne doute pas même que ce ne soit à cet
arrangement, que nous devons la chaleur tem-
pérée qui entretient la vie sur terre ; que ce
ne soit ce qui coordonne les mouvemens réglés
& uniformes des planètes & des satellites,
en concentrant & en contenant leur chaleur
centrale. &c. &c.

Je passe maintenant au détail des phénomènes

qu'offrent les éruptions du Vésuve. Je les emprunte du Père *Della Torre*, qui a donné au public l'histoire de ce volcan (*).

CHAPITRE III.

De la Direction des Montagnes.

Le vent dirige la chûte des matières volcaniques.

» Les matières légerès & les colonnes métal-
» liques, ou de pierre fondue, qui s'élancent
» des volcans, tombent toujours du côté où le
» vent pousse la fumée dans le moment de
» l'éruption ».

Vents de 6 mois.

Ce premier fait nous donne la raison de la grande direction des montagnes, du nord au midi & du midi au nord ; parce que toutes choses d'ailleurs égales, ce sont les deux vents les plus constans sur Terre. Cela est si vrai, que les Marins en Europe, comptent sur un vent du nord depuis l'équinoxe d'automne jusqu'à l'équinoxe de printemps pour

(*) On peut aussi consulter M. *de Lalande* & M. l'Abbé *Richard* dans leurs voyages d'Italie, à l'article qui concerne le *Vésuve*, où ils ont consigné presque tous les phénomènes de ses éruptions d'après l'auteur Italien que je viens de citer. Ces détails précieux, intéressans, & les plus instructifs pour un Physicien, manquent essentiellement dans l'Encyclopédie, où de pareils faits devoient tenir une grande place.

paſſer la ligne ; aſſurés de la repaſſer pour revenir en Europe, par le vent du pôle oppoſé, dans l'intervalle de l'équinoxe de printemps à celui d'automne.

La cauſe de ces vents de 6 mois eſt ſenſible, puiſque tant que le ſoleil eſt en deçà ou en delà de la ligne équatoriale, il laiſſe un vent maître & à peu près continu au pôle dont il s'écarte, par l'inéquilibre d'un hémiſphère atmoſphérique qui ſe condenſe & pèſe contre l'autre qui ſe raréfie.

C'eſt donc pour cela que le *Veſuve* a déjà ſa baſe fort alongée du côté du midi & du côté du nord ; c'eſt pour cela que les *Apennins* courent du nord au midi ſur une ligne de 200 lieues de plus ou moins de largeur, à raiſon de l'inconſtance plus ou moins fréquente de ces deux vents oppoſés. *Les montagnes de Suède & de Norvège, les Voſges, les Cevenes*, ont cette même direction ; *les montagnes d'Afrique, dites l'Epine du monde*, courent preſque ſous un même méridien pendant environ 12 cents lieues, depuis les monts de la Lune, juſqu'au cap de Bonne-Eſpérance ; *les Cordilières* qui ceignent l'Amérique dans toute ſa longueur, par deux chaînes de montagnes d'environ 15 cents lieues chacune, s'étendent d'un pôle à l'autre, à l'orient & à l'occident de ce nouveau continent ; les plus longues chaînes de montagnes de l'Aſie, ſont encore dirigées du

nord au fud : » l'une d'elles partage l'Arabie
» depuis le mont Liban, jufqu'au détroit de la
» mer rouge ; une autre traverfe l'Indoftan &
» arrive au Cap Comorin ; une troifième va du
» Thibet jufqu'à la pointe de Malaca ; une
» quatrième qui fe trouve en Europe, commence
» en Pologne & aboutit aux Alpes du Tirol ;
» une cinquième s'étend de la Mofcovie jufqu'au
» Caucafe ; une fixième va depuis la Sibérie jufqu'à
» Cachemire &c. &c. (*) ».

Autre
caufe de la
direction
des monta-
gnes.

Une autre caufe encore a concouru avec les
vents à donner une direction affectée aux montagnes d'un pôle à l'autre ; c'eft le feu central
qui, en s'ouvrant, dans les entrailles de la Terre,
ces routes finueufes au-deffus defquelles les volcans
fe font établis de loin en loin, a dû, ainfi que celui
qui dirige l'aiguille aimantée, fe porter particu-
lièrement des pôles vers l'équateur ; & c'eft en
fe condenfant par intervalle fur fa route principale, qu'il a dû rayonner, diverger & entr'ouvrir
ces cavités latérales au-deffus defquelles nous
voyons quantité de branches de montagnes
qui s'étendent en tous fens fur la furface des continens, & qui font toujours des rameaux moins
longs, moins prolongés que les grandes chaînes

____

(*) Buffon, Théorie de la Terre, & Encyclop.

dont je viens de parler (*). C'est ainsi que la chaleur
de la Terre qui pousse la sève dans les tiges droites
des arbres par quantité de fibres capillaires, se
condense & diverge pour former leurs bran-
chages.

CHAPITRE IV.

Parallélisme & homogénéité des couches de la Terre.

» I. La lave ou pierre dure en fusion & cou-
» lante, quelque soit d'ailleurs son mouvement,
» pour l'ordinaire fort lent, roule toujours sous
» une épaisseur égale dans toute sa longueur;
» même près des bouches d'éruption, qui com-
» munément cependant, se forment dans les
» penchans les plus rapides de la montagne. Dans
» ces endroits, malgré la rapidité du terrain,

Bancs pa-
rallèles &
homogè-
nes

(*) Voyez M. *de Buffon*, Époques de la nature, où il est dit
que les mers venant premièrement des pôles vers l'équateur, elles
ont donné la direction aux montagnes dans ce même sens, &
qu'ensuite s'étant établies sur l'équateur, & prenant un mouvement d'ondulation d'orient en occident, elles ont formé d'autres
montagnes dans cette nouvelle direction. Tout peut s'expliquer,
comme on voit, quand la Physique est aux ordres de l'ima-
gination.

» on voit que plusieurs laves coulent d'une très
» grande épaisseur ; & que d'autres se sont éten-
» dues davantage en largeur. Du reste elles sont
» susceptibles de toutes les dimensions possibles,
» à raison de leurs différentes densités. »

Ce fait donne la raison de toutes les couches
parallèles qui entrent dans la formation des montagnes , quelque soit d'ailleurs leur épaisseur &
leur densité. On ne peut rien ajouter à cela, je
pense, tant il me semble aisé de saisir plutôt
cette cause du parallélisme & de l'homogénéité
des lits des montagnes, que de recourir, pour
l'expliquer, au balancement des eaux & à des
poudres coquillières délayées, puis durcies sous
différens degrés de densité dans le fond de la mer.
Le phénomene suivant va confirmer cette asser-
tion.

<table><tr><td>Montagnes
en blocs.</td><td></td></tr></table>

» II. La pierre en fusion , après que son jet a
» coulé hors de la montagne volcanique, marche
» toujours gravement , & plus elle est dense &
» chaude, plus elle tend à s'élever de terre en
» se ramassant & en se rétrécissant sur sa lon-
» gueur, comme pour prendre une forme sphé-
» rique. »

Aussi les traditions des anciens sur les montagnes ou carrières de basalte, de porphyre, de
granit, de marbre noir d'Egypte, nous appren-

nent que ces matières, qui ont dû être excessivement ardentes lors de leur éruption, puisqu'elles
font excessivement dures, ne subsistent qu'en
blocs, sans couches parallèles. Aussi voit-on
dans les Alpes, les masses les plus dures, cou-
lées en blocs qui ne sont point applanis sur leurs
surfaces.

Ainsi ce phénomène prouve encore, que le
feu seul a gradué à chaque jet de matiére quelconque, qui entre dans la constitution organique
des montagnes & des continens, leur épaisseur,
leur cohésion, leur forme plus ou moins sphè-
rique, leurs couches plus ou moins applaties,
leur homogénéité, leur épaisseur de 6 ou de 20
pieds, toujours égale aux bords comme au milieu,
avec des contours unis, enfin leur ensemble parfait & individuel de formation & de pose.

» III. La lave qu'on a vu couler lors de son
» embrasement, n'offre quelquefois, quand elle
» est refroidie, que du sable, ou une terre
» sèche très-peu concrète & friable. Ensorte
» qu'elle coule sous différens degrés de densité &
» de ténacité. »

Il n'est donc pas étonnant de rencontrer presque aussi fréquemment des couches parallèles
de matières légères & tendres, que des couches
de matières plus dures & plus ténaces.

» IV. Le mouvement progressif de la pierre
» coulante, est plus ou moins rapide, & plus
» ou moins soutenu ; son feu lui fait quelque-
» fois gravir des montées douces ; & on l'a vue
» même dans ces cas là, n'aller pas plus lente-
» ment que dans la plaine. Elle avance jusqu'au
» sommet pour s'y étendre, ou elle s'arrête
» avant que d'y arriver, sur le penchant, sans
» retomber. C'est ainsi qu'on la voit, dans d'au-
» tres circonstances, descendre extrêmement
» lentement du sommet très-rapide où s'est
» formée sa bouche d'éruption & s'y fixer sous
» une inclinaison plus ou moins forte. »

Ce phénomène, qui a été très-bien observé
par l'habile physicien qui me fournit toutes les
analogies dont j'étaye le système le plus plausible de la formation des montagnes, m'a laissé
une conviction si forte sur la cause à laquelle
j'attribue l'entassement des matières infinement
variées de pose & de densité, que je pense que
le lecteur la sentant comme moi, il n'exige pas
que je m'étende davantage sur cet article.

» V. La lave est si portée à s'élever, qu'elle
» forme des grottes dont on voit souvent les
» ouvertures au dehors. C'est par-là que les
» rochers se brisent, lorsque ces boursoufflures

» ou cavernes font fermées parfaitement &
» qu'elles contiennent trop de chaleur. »

Ce phénomène nous explique pourquoi la montagne de *Pierre-le-chatel en Bugey* s'est ouverte, puisqu'on voit encore au deſſous des Chartreux, des grottes qui ſans doute ſont bien moins conſidérables que celle qui a cauſé la rupture du rocher même & livré paſſage au Rhône entre la Savoie & la France. C'eſt par la même raiſon que les Alpes ſont comme hachées, & taillées à pic de toutes parts ; puiſqu'on voit les ouvertures de pluſieurs grottes très-conſidérables au fond des abymes qui reſtent entr'ouverts. Et ce n'eſt donc point un lit de glaiſe, comme l'a avancé M. de *Buffon*, ſans aucun fondement, qui ſe trouvant ſous ces grandes maſſes, les aura fait gliſſer ou poſer inégalement ſur leurs baſes & ſe partager de la ſorte.

La chaleur trop concentrée ſous les grandes maſſes de la terre, les a ſouvent fait trembler avec de grandes ſecouſſes, ſe ſoulever, ſe fendre, ſe partager ou renverſer. Mais les eaux, les rivières, les torrens ont auſſi ſouvent contribué à la rupture & à la pente des rochers, après avoir déblayé des matières légères qu'elles ont pu rencontrer dans le bas. Et quelque ſoit la cauſe de la chûte des montagnes, je ne doute point que toutes celles dont on voit les lits fort inclinés, coupés brusquement comme la tranche d'un livre, dont les couches parallèles ou homogènes se correspondent de part & d'autre d'un vallon qui les sépare par des terres que les eaux y ont entraînées, n'ayent été violemment partagées en culbutant, & n'ayent peut-être changé de place plusieurs fois. C'est ainsi que de *Terni* à *Macerata*, par exemple, (pendant 25 lieues de chemin environ) on voit beaucoup de montagnes culbutées, brisées, qui ont heurté les unes contre les autres en tous sens, & qui présentent le phénomène dont je parle. Rien n'offre un coup d'œil plus désastreux que cette traversée que l'on fait sur le dos de l'Apennin pour aller de *Rome* à *Lorette*, &c.

Reculement de la lave. Angles correspondans.

» VI. La lave, en arrivant près des murs d'une
» maison ou de quelque arbre, s'arrête à huit
» ou neuf pouces de distance, se boursouffle, se
» renfle en s'arrangeant autour, & n'avance pour
» renverser ces obstacles, qu'après les avoir
» violemment échauffés. Quelquefois même
» ils cèdent sous l'effort de la chaleur qui dé-
» vance la lave, avant qu'elle ne les touche. De
» plus grands obstacles, un monticule, par exem-

» ple, d'une coupe brusque, l'arrête de beau-
» coup plus loin & la fixe; & elle en prend
» exactement les contours; de manière à présen-
» ter un angle rentrant, correspondant à un an-
» gle saillant qu'elle aura devant elle.»

Ce fait donne la raison des angles saillans correspondans aux angles rentrans qu'on peut observer quelque part. On peut voir des exemples
de ce phénomène très-rare, & trop généralisé
par M. de *Buffon*, en Bourgogne & en Lorraine,
sur la route de Langres à Neufchateau. Mais on
le convaincra que ces bancs assez symétriquement
espacés entre eux, sont des jets de volcans que
leur chaleur a fixés à des distances à peu près
égales les uns des autres, & contourné leurs
angles rentrans vis-à-vis de ceux qui présentoient
un angle saillant; si l'on veut observer que tous
ces bancs sont d'un seul jet, d'une même nature
de pierre, tous brisés sur-eux mêmes depuis le
haut jusqu'en bas, & mélangés d'une terre rouge
dont on retire du fer pour quantité de forges qu'il
y a dans le pays: enfin, que les eaux chaudes de
Bourbonne-les-bains & de Plombières, qui sont
dans leur voisinage, attestent l'éxistence d'anciens
volcans abymés & comblés d'eau, lesquels ont
vomi, par le passé, ces jets de pierre fondue qui

se sont promenés & placés librement sur une plaine immense qui étoit dans leurs environs.

» VII. Lorsque la pierre en fusion coule sur
» des pierres brisées ou sur des cailloux, elle les
» rompt avec beaucoup d'éclat & s'en charge en
» les incrustant dans sa pâte. »

J'ai vu quantité de couches de pierres ainsi pleines d'autres pierres brisées, toujours recuites, plus colorées & plus dures que la pâte même qui les contient : ceci nous donne une idée de la formation des marbres brèches, qui, je crois, sont les fragmens des plafonds brûlés & calcinés des voûtes volcaniques, brisées & entraînées dans les éruptions. La pâte qui soude ces amas de débris, est vraiment plus foible que chacune de ces pièces recuites & durcies, comme je m'en suis apperçu par plusieurs morceaux de marbres brèches délaissés dans les rues de Rome, dont j'ai vu la pâte décomposée par le temps, abandonner ces fragmens étrangers.

Je pense donc que ce n'est qu'un feu des plus ardens, qui a pu fournir la pâte dans laquelle sont soudés les fragmens des marbres brèches ; que c'est dans le creuset même embrasé des volcans, que ces mélanges confus se sont si vivement colorés par l'amalgame des ftillations métalliques qui viennent de toutes parts de leurs voûtes, avec les matières lapidifiques ; enfin, que ce ne font point les terres qui colorent les marbres par la fimple ftillation des eaux. La terre cuivreufe, dite de Véronne, qui donne le vert de la peinture, en eft une preuve fenfible, puifqu'elle ne colore point le rocher d'où on la puife, non plus que les mines de fer de Bourgogne, de Champagne ou de Lorraine, n'ont point encore coloré les pierres qu'elles ont baignées jufqu'à préfent.

Je ne fais pas fi l'on peut dire que la denfité des matières quelconques mifes en fufion, doive plus ou moins exclure ces incruftations; car j'en ai vue dans les colonnes de granit qui forment le périftile du Panthéon à Rome. J'en ai vue fur-tout beaucoup dans une colonne de porphyre verdâtre, qui eft dans le Mufée du Vatican ; & perfonne n'ignore qu'on trouve des coquilles d'huitres dans de la pierre très-dure & dans les marbres.

CHAPITRE V.

Pluies de matières volcaniques & fossiles.

Désastres
causés par
des pluies
volcani-
ques.

» Les matières légères sont souvent rejetées
» sans bruit, & même sans être suivies d'autre
» éruption plus forte. Elles s'élèvent considéra-
» blement en l'air, & vont tomber en pluie à
» 3 lieues, à 5 lieues, à 10 & même beaucoup
» plus loin du Vésuve. . . . . »

Les exemples de ce phénomène sont sans
nombre. Ces pluies, plus ou moins abondantes,
forment des couches plus ou moins épaisses de
cendres, de terre, de gravier rond, de sable,
&c. & causent plus ou moins de désastres en
tombant sur terre. La première pluie de terre qui
a abymé *Herculanum*, avoit 50 pieds d'épaisseur.
La première couche qui a enterré & fait déserter
Pompeii, en a 6 au plus. M. de *Lalande* étant à
Naples en 1765, vit une éruption de pluie de
cendres qui couvrit tout *Portici* & ses environs,
& qui n'avoit que quelques lignes d'épaisseur. Des
villages, voisins du Vésuve, ont vu quelquefois
leurs toits écrasés par des pluies plus abondantes.

En 1767, le Roi de Naples se sauva de son palais de Portici à deux heures après minuit, à cause d'une pluie de sable dont on fut incommodé jusqu'à Naples, qui est à 3 lieues du Vésuve.

La Ville de *Pestum*, près de Salerne, dont il ne reste que les colonnes de trois temples antiques & les murs de la Ville, a été sûrement abandonnée pour cette raison; les antiquités de *Bauli*, dont la plus grande partie est recouverte de terre; le temple de *Jupiter Sérapis*, près de *Pouzzoles*, qui n'est pas encore totalement dégagé des laves dont la *Solfatare* l'a recouvert à plusieurs reprises; les restes de *Minturne*, près de Capoue; *Vellëia*, dans le territoire de Parme; *Stabia*, près de Pompeii, sont autant d'exemples de ruines arrivées par des pluies volcaniques; & la fable des *Titans* & des *Lapithes* terrassés sous des montagnes, & par des grêles de pierres ou de rochers, rappelle, sans doute, la mémoire de pareils événemens antérieurs à ceux que nous connoissons.

Ces faits donnent la raison de cette quantité de pierres schisteuses, de ces ardoises si feuilletées qu'on rencontre dans les montagnes. Elles sont toutes le produit de cendres de volcans, vomies à mille & mille reprises de tous côtés, &

pendant des temps plus ou moins confécutifs. Ainfi qu'on a vu le Véfuve, par exemple, dans le commencement de ce fiècle, rejeter des matières de toute efpèce pendant onze ans de fuire; depuis 1717 jufqu'en 1728 qu'il s'appaifa. (Je ne veux citer que ce fait.) Leurs feuillers diftingués & aifés à détacher, ainfi que les joints des couches des montagnes, atteftent leur entaffement fucceffif, après la confolidation & le refroidiffement des lits inférieurs. C'eft dans ces pluies volcaniques de toute efpèce de matières, que de nouvelles matières recouvrent indifféremment, recuifent & durciffent plus ou moins, qu'il faut chercher la vraie & l'unique caufe de l'incruftation des coquilles foffiles, & d'autres corps étrangers qu'on rencontre dans la formation des couches des montagnes. Je vais citer, à ce fujet, le phénomène de *Bolca*, qui expliquera tous ceux de même genre (*).

» *Bolca* eft une montagne à 6 lieues de Véronne, du côté de Vicence. Près delà, il y a un
» village très-élevé, dont l'Eglife paroiffiale pofe
» fur le fommet d'une montagne *où il y a des*
» *indices de volcans*. A un mille, ou tiers de lieue

Origine des foffiles.

(*) Voyez *Lalande* dans fon voyage d'Italie.

plus

» plus loin, est un côteau composé de pierres
» qui se débitent par dalles, dans lesquelles on
» trouve de belles empreintes de poissons. Ces
» dalles de pierre sont semblables à de l'ardoise
» blanchâtre, mais presque aussi dures & aussi
» compactes que la pierre vive. Quelques-unes
» ont un pouce & plus d'épaisseur ; d'autres n'ont
» que quelques lignes. Les poissons qui sont logés
» dans ces pierres, offrent la moitié de leur em-
» preinte sur la face inférieure de la pierre qu'on
» a levée, & d'une manière si distincte & si
» marquée, qu'on peut aisément reconnoître
» l'espèce. Ces couches sont recouvertes de trois
» lits de pierre beaucoup plus dure, qui ne peut
» plus se refendre. Les couches de poissons ont
» environ 600 toises en tout sens ; le côteau peut
» avoir 200 ou 250 pieds de hauteur, & les
» couches d'ardoise ont au plus deux pieds de
» profondeur. On trouve aussi des empreintes
» de plantes mêlées avec celles de poissons ; mais
» aucun coquillage. Les espèces de poissons ne
» sont point séparées ; on trouve les grands &
» les petits rassemblés en famille sous les mêmes
» couches. »

Ce phénomène a sa cause indubitablement dans

Q

les éruptions de ce volcan éteint & voisin, dont
on voit des indices ; lequel aura rejeté des pluies
de cendres très fines, à différentes reprises, &
comblé quelque étang ou quelque lac des environs,
dont les poissons auront été saisis subitement par
la chaleur & comprimés entre ces couches successives, de manière à ne laisser leur empreinte
que sous la nouvelle couche qui est venue recouvrir l'ancienne. Les trois couches de pierre beaucoup plus dure qui recouvrent ces ardoises, sont
le résultat d'éruptions beaucoup plus fortes de
matières plus denses & plus chaudes, qui ont
durci les couches d'ardoise sur lesquelles elles sont
venues s'étendre. De même que la pluie solide
qui a englouti *Herculanum*, a acquis un degré
de ténacité, qui l'a soudée au point de composer
une vraie pierre, par l'arrivée des nouvelles matières qui l'ont recouverte de 30 pieds successivement.

C'est ainsi qu'on peut trouver, sous les plus
hautes montagnes des Alpes ou des Pyrénées,
des empreintes de poissons ou d'autres fossiles,
& n'en plus rencontrer dans la formation de
toutes les couches supérieures, comme le déposent
tant de voyageurs. Si même l'on en trouvoit sur

le sommet de ces montagnes, il seroit encore inutile de recourir, avec M. de *Buffon*, à un déluge successif sur tous les lieux les plus élevés de la terre, pour en rendre raison. Car enfin, qu'un volcan, voisin du mont *Cénis*, par exemple, vomisse des cendres brûlantes sur le lac qui est au sommet de cette montagne, voilà des couches qui peuvent s'y former, des truites qui seront empreintes dans ces couches, & le phénomène du Mont *Bolca*, à 12 ou 1500 toises au-dessus du niveau de la mer.

Tout ce qui est feuilleté dans l'intérieur ou à la surface de la terre, n'a pas d'autre cause. Le charbon minéral, qui est un assemblage prodigieux de feuillets, de petites lames fortement attachées les unes aux autres, est nécessairement une substance volcanisée. Il contient beaucoup de fer, il est très-inflammable, il se tourmente si fort sur lui-même par sa chaleur, que ses lits sont toujours relevés de côté ou d'autre, & jamais parallèles à l'horizon; & lorsque le terrain inférieur ou supérieur ne cède pas aux commotions de son feu concentré, qui a besoin de s'épancher au dehors, il se soulève par le milieu, & prend la

Q 2

forme d'un chevron pour rompre le toit qui le recouvre (*).

Des ar-
doises.

Les toits feuilletés qui recouvrent si communément le charbon minéral, pourroient bien être, je pense, la même mine brûlée & absolument pâmée à sa superficie, jusqu'à une certaine profondeur, qui aura causé son extinction. Dans ce cas-là, les mines de charbon qui brûlent dans divers pays, pourront s'éteindre à la longue; & je suis assez porté à croire que le feu de *Pietra-Mala*, réduit à une flamme de 12 pieds d'étendue, & aux environs duquel il y a encore un air ininflammable qui rampe à terre, est l'indice de charbon minéral qui s'éteindra bientôt tout-à-fait, lorsqu'il aura brûlé un peu plus profondément. Pour lors les ardoises & les matières schisteuses d'un grain très-fin, pourroient bien être les cendres de ces matières exhalées & brûlées à la superficie de la terre (*).

(*) Encyclopédie.

(*) Ce feu de *Pietra-Mala*, n'est pas proprement un volcan. Il ne fait jamais éruption, quoique sa montagne & les voisines tremblent assez fréquemment; il subsiste loin de la mer, beaucoup au-dessus de son niveau, sans aliment & sans ouverture quelconque. Il se produit hors d'une terre qui a toute la solidité de celle qu'on laboure aux environs.

Il paroît que les volcans n'ont jamais pu retenir
ces matières trop inflammables, mais qu'ils les ont
rejetées en pluies successives & très-peu interrom-
pues pendant des années de suite jusqu'à épuise-
ment total; ce qui a produit ces énormes mines,
dont les feuillets forment des bancs, depuis deux
pouces d'épaisseur jusqu'à 30 & 40 pieds; lesquels
ne sont ordinairement séparés les uns des autres,
que par des espèces de lames de fer, comme je
l'ai vu par moi-même dans la mine de *Cramaux*
en Languedoc (*).

Les tourbes, les houilles, sont, comme le
charbon minéral, une substance provenante de
pluies volcaniques; & ce sont ces éruptions de
matières de toute espèce, produites en différens
temps & en différens endroits de la terre, qui
ont abymé de grandes forêts, ou conquis le lit
de la mer & ses dépouilles, terrassé de grands
animaux & envahi des plages, telle qu'a été jadis
la Tourraine, plus ou moins peuplées de coquillages, &c. &c.

Telles sont les différentes causes qui ont concouru à l'incrustation de toutes les espèces de

____

(*) On dit que la Suède offre le phénomène de montagnes
de fer.

Q 3

coquilles que l'on trouve conservées bien saines
& exactement fermées dans la formation des
pierres. Et si elles sont pleines de la même matière
qui les enveloppe, c'est par l'infiltration douce
des eaux qui pénètrent intimement ces masses.
C'est ainsi qu'à *Herculanum & Pompeii*, on a
trouvé toutes les urnes funéraires, quoique fermées de leur couvercle & pressées de tout le
poids de la lave qui étoit au-dessus, absolument
remplies de la même pierre qui les enveloppoit.
C'est ainsi que les stalactites remplissent à la longue
les grottes des montagnes, par la stillation continuelle & douce des eaux.

CHAPITRE VI.

Laves encore brûlantes, & anciens désastres oubliés.

» LA lave garde toujours sa chaleur très-
» long-temps, on l'a vue nombre de fois se r'ou-
» vrir après des années, & faire éruption. . . . »
Le feu de *Pietra-Mala* est donc formé de laves
non éteintes ; la *Grotte du Chien*, les *Etuves de
St. Germain*, qui font de temps en temps bouil-
lonner les bords du lac d'*Agnano*, la grotte des

Bains de Néron, la *Solfatare de Rome*, la côte de
Bayes, qui fume de tous côtés, par quantité de
crévasses, ne font donc que des laves encore
chaudes & brûlantes : la *Solfatare de Pouzzoles*,
les bains de *Pife*, les eaux bouillantes de *Bourbonne-les-Bains*, de *Plombières*; toutes les eaux
thermales, en un mot, remplissent des abymes
de volcans que nous regardons comme éteints,
mais qui jadis ont été embrasés de même que le
Vésuve, & ont surchargé pareillement la terre
autour d'eux, de leurs éruptions.

Ces volcans qui se remplissent ainsi d'eau,
comme les volcans sous-marins dans lesquels la
mer s'engloutit tous les jours, sans doute finissent
doucement. . . . Mais finissent-ils tous de même?
Leurs voûtes, si prodigieusement prolongées sous
terre, ne s'écroulent-elles pas quelquefois en
entraînant des terrains immenses? Et pour lors
qu'elle nouvelle face prennent les continens de
la terre? que devient le genre humain? Combien
d'hommes échappent à des convulsions qui en-
gloutissent une *Atlantide*, & annoncent l'agonie
de la nature?

Au reste, plus nous avançons en âge, moins
cette terre est tremblante, & moins nous devons

craindre ſes révolutions. Les volcans s'appaiſent, ils ont de longues intermittences de repos, & ils s'appaiſeront toujours plus, parce que la ſurface sèche du globe qui s'élève conſtamment au deſſus du niveau des eaux, en s'étendant toujours plus, & en rétréciſſant leur domaine, ſuffira bientôt à l'émanation libre de la chaleur centrale de la planète ; & ſans doute, nous ne reverrons plus ces terribles ſcènes qui reportent les arts à leur enfance, & réduiſent les habitans de la terre à quelques poignées d'hommes, ainſi que d'anciennes traditions ſemblent nous l'apprendre (*). Le genre humain enſeveli dans les plus affreuſes ténèbres

______

(*) *L'Ecriture*, *l'Hiſtoire*, & *la Fable*, qui contient toujours quelque choſe d'hiſtorique, fourniſſent trois époques auſſi fameuſes que fatales à l'humanité.

Le *Déluge de Noé*, (2,348 ans avant J. C. ſelon le texte Hébreux, ou 3,044 ans, ſelon le texte Samaritain) Le *Déluge d'Ogigès*, (1831 ans avant J. C.) & le *Déluge de Deucalion*, (1529 ans avant notre Ere).

C'eſt encore, ſi l'on en croit quelques traditions obſcures de l'Amérique, une pareille cataſtrophe qui avoit dépeuplé le nouveau monde dans des temps anciens, & réduit l'humanité au point d'enfance, de foibleſſe & d'ignorance où nous l'avons trouvée il y a bientôt 300 ans. Enfin la ſubverſion de l'Atlantide, ne peut qu'avoir été accompagnée de ſymptômes effrayans dont on ſe ſera reſſenti ſur tout le globe. Nous n'avons pas l'hiſtoire complète de toutes nos calamités, & c'eſt un bonheur pour nous.

d'un ciel obscurci, qui mêle toutes ses horreurs
aux convulsions de la terre, n'attendra plus, ou
la mort, ou que l'arc-en-ciel, peint dans les airs,
vienne lui annoncer, à travers quelques nuages,
que le soleil luit encore, & que le Créateur n'a
pas marqué le dernier terme de la vie sur terre.
Il n'y aura plus de ces époques si tristement fa-
meuses. Les plaies que de pareilles convulsions
font à l'humanité, doivent être bien profondes
& bien funestes, si l'Américain, tel qu'il a été
trouvé, il y a bientôt 300 ans, sans pain, sans
vêtemens, sans villes, sans écriture, sans police,
sans outils de fer, &c. peut en être un exemple!

» La lave la plus épaisse & la plus dure, quand
» elle est nouvelle, a des déchirures singulières
» à sa superficie ; on ne peut mieux la comparer,
» dit M. de la *Condamine*, qu'à une mer prodi-
» gieusement agitée, qui seroit figée tout d'un
» coup. »

Cet effet résulte du froid qui saisit ces matières
incendiées, au sortir du foyer le plus ardent, &
dont le souffle embrasé lutte contre l'attouchement froid de l'atmosphère, en dardant vivement sa flamme qui fait soulever & hérisser ainsi
une espèce d'écume ou de scorie métallique,

vitrée & terreuse, qui recouvre toujours, en plus ou moins grande quantité, les jets de la pierre la plus dure.

C'est cette superficie talqueuse & déchirée, qui, à la longue, se pulvérise & devient terre. La vigne que l'on cultive à *Réfine*, à *Portici*, à la *Tour des Grecs*, au dessus de *Pompeii* & ailleurs aux environs du Vésuve, est plantée dans cette sorte de terre pleine de rouille & de verre. C'est cette fécondité des laves, qui ne détruisant jamais que pour un temps, fait qu'on oublie leurs ravages, qu'on perd la trace des plus anciens volcans, & qu'on bâtit des villes nouvelles sur la tombe même des peuples engloutis & consumés dans les flammes.

Mais croirez-vous qu'on puisse oublier de pareils désastres?... C'est cependant un fait. On ignore l'époque certaine de la ruine d'*Herculanum* & de *Pompeii*; les Géographes antiquaires n'ont jamais placé ces villes où le hasard les a fait retrouver au commencement de ce siècle. On dit qu'il y a sept couches de laves l'une sur l'autre dans les jardins du Roi de Naples à Portici; chacune, sans doute, a causé des crises mortelles à son arrivée, & le voisinage des bêtes féroces seroit bien moins redoutable que celui de ce volcan;

mais la frayeur eſt paſſée, & l'on n'en craint point une huitième. L'habitant de Naples vit, avec une intrépidité incroyable, auprès de ſon terrible ennemi le Véſuve, qui le retient comme ſous le charme, par le luxe de fécondité qu'il étale à ſa baſe, & le fait ſouvent trembler par les foudres dont il le menace. Dans ce pays, la fable jadis avoit placé les Champs-Eliſées tout près d'un fleuve d'Enfer, le Véſuve en eſt l'image. On dit que les habitans de *Catane* doutoient, vers le milieu du XVe. ſiècle, que l'*Etna*, leur voiſin, fût un volcan, lorſqu'une lave vint détruire preſque entiérement leur ville; ils ne voyoient plus que des fables dénuées de toute eſpèce de vraiſemblance, dans ce que les Poëtes anciens avoient dit de cette terrible montagne, où le dieu du feu forgeoit des foudres à *Jupiter*; où *Encélade* brûloit, vomiſſant la flamme & faiſant trembler la montagne en s'agitant.

Que de lacunes dans les archives du monde, ſi de pareils événemens ſe perdent de la mémoire des hommes! ſi les traces du feu s'effacent toujours! & ſi la tombe des morts ſe recouvre inceſſamment de cités, de forêts, ou de prairies émaillées!

CHAPITRE VII.

Indices universels de volcans & origine des métaux.

» Enfin on trouve des indices de volcans
» éteints dans tous les pays du monde. Il y en a
» eu mille fois plus encore dont la trace est
» perdue sous la fécondité qui suit leurs ravages
» après plus ou moins de temps, & les Iles en
» général, n'étalent des ruines plus fraîches &
» plus de débris volcaniques que nos vieux
» continens, que parce qu'elles sont toutes d'une
» origine plus récente (*) ».

(*) „ La surface de la Terre, dit M. *de Buffon*, (Epoques de la
„ nature) nous présente en mille endroits les vestiges & les
„ preuves de l'existence de volcans éteints. Dans la *France*
„ seule, nous connoissons les vieux volcans de l'*Auvergne*, du
„ *Velai*, du *Languedoc* & de la *Provence*. En *Italie*, presque toute
„ la Terre est formée de débris de matieres volcanisées, & il
„ en est de même de plusieurs autres contrées.

„ On pourroit citer ceux que M. de *la Condamine* a remarqués
„ dans les *Cordilieres* hérissées de pics, dont la plupart ont été
„ ou sont encore des volcans : ceux que M. *Fresnay* a observés
„ à *St. Domingue*, dans le voisinage du *Port-au-Prince*, ceux du
„ *Japon* & des autres Isles orientales & méridionales de l'*Asie*,
„ dont *presque toutes les contrées habitées ont autrefois été ravagées
„ par le feu*. Ceux de l'*Isle de France* & de *Bourbon*, que quelques
„ voyageurs instruits ont reconnus d'une maniére évidente, &c.

Le feu que récèlent conſtamment leurs cavités
reſtantes, perpétue la cauſe des tremblemens de
Terre qui ſe font ſentir de temps en temps dans
tous les continens. Il eſt bien peu de générations
d'hommes qui ne ſoient témoins, je ne dis
pas de cataſtrophe auſſi déſaſtreuſe que celle
de *Tripergole* dont j'ai vu la place occupée par
la petite montagne appellée *Monte nuovo* qui a
recouvert le lac *Lucrin* en 1538 ; je ne parle
pas de bouleverſemens tels que ceux de *Lisbonne*,
de *Lima*, de *Meſſine*, & de la *Calabre*, ni même
de naiſſance ſoudaine d'une iſle, comme *Santorin*,
ou celle qui vient de paroître aux environs

„ L'iſle de l'*Aſcenſion*, l'iſle d'*Othaïti* & nombre d'iſles voiſines ;
„ *la nouvelle Brétagne*, une des iſles de la *Reine Charlotte*, ſont
„ toutes couvertes de débris volcaniques, ou contiennent quel-
„ ques montagnes fumantes.

„ Il y a de pareils indices de volcans éteints en *Corſe*, en *Irlande*,
„ en *Angleterre*, en *Saxe*, ſur les bords de l'*Elbe* ; en *Miſnie*, ſur
„ la montagne de *Cottemer*, à *Marienbourg*, à *Weilbourg* dans le
„ Comté de *Naſſau* ; à *Leuterbach*, à *Bilſtein* ; dans pluſieurs en-
„ droits de la *Heſſe* ; dans la *Luſace*, dans la *Bohême*, dans le ter-
„ ritoire de *Cologne* ; en *Norvège*, en *Suède*, dans le *Dannemarck* ".
&c. &c. & M. *de Buffon* (ibid. 4e. époque) avoue que ces volcans
ont quelquefois, par le depôt de leurs laves, formé des élévations
autour d'eux.

C'eſt d'après tant de faits qui fortifient ma théorie, que j'oſe
avancer que les feux des volcans ont ſeuls produit le ferme ſur lequel nous marchons.

de l'Islande ; (événemens qui seuls peuvent produire le phénomene si rare, de rencontrer des coquilles marines à une certaine hauteur au-dessus du niveau de la mer.) puisqu'il n'y a guere de de générations, dis-je, qui ne soient témoins de quelques tremblemens de terre, & qu'il y a peu de pays sur terre, qui ne puissent en fournir plus ou moins d'époques dans un siècle.

Dissémination du fer.Ces feux souterrains entretiennent la chaleur & la dissémination des métaux dans les eaux thermales de tous les pays du monde. Leur nombre atteste donc que l'*Aride* n'a apparu sur ce globe que par leur moyen, & qu'ils ont dû produire toutes les montagnes de la Terre ainsi que les continens qui nous élèvent au-dessus du niveau des eaux.

La Terre contient & exhale du fer par toute sa surface ; il y en a dans les végétaux, dans le sang des animaux qui s'en nourrissent & dans les pierres de quelque qualité qu'elles soient, ou du moins elles en ont recélé jusqu'à ce que les eaux l'ont eu lessivé & entraîné dans les terres voisines. Toutes les matières que nous foulons aux pieds, ont par conséquent une origine volcanique, & leur entassement n'a demandé

que du temps pour prolonger le ferme & les
continens dans le lit des océans dont nous
voyons de toutes parts les traces par les dépouilles
que la terre en a conservées.

Quant à l'origine des métaux, du fer qui est
si universellement répandu sur la surface du
globe, de l'or, de l'argent, du cuivre, du
mercure, du plomb, qui se trouvent partout,
ainsi que toutes les espèces de cristaux, comme
le diamant, l'amétiste, la topase, &c. je pense,
que comme par différens degrés de coction,
les stalactites, de quelque part qu'elles viennent
dans les volcans & de quelque nature qu'elles soient,
acquièrent la dureté & la densité du porphyre
ou du basalte; ou la légéreté de la craie &
de la pierre ponce, sans qu'on puisse dire qu'il
ne transude pendant un temps que telle ou telle
espèce de matière dans ces fourneaux ardens;
de même aussi, on ne peut pas dire, qu'il n'y
transude tantôt que de l'or, ou du fer, ou du
cuivre. Toutes ces matières métalliques ou vitrées
ne seront donc que le produit de cuissons
plus fortes de quelques résidus de matières qui
ont fait éruption, & qui, travaillés plus long-temps
aux ardeurs de ces immenses laboratoires, y

subissent toutes les métamorphoses possibles, & s'amalgament ensuite en plus ou moins grande quantité avec les nouvelles matières qui doivent former de nouvelles laves, dont les unes en conséquence sont très-métalliques, tandis que d'autres le sont très-peu, ou très-vitreuses, ou absolument calcaires.

Or, il peut rester à chaque éruption une plus ou moins grande quantité de matière qui ne sort pas, puisqu'on a souvent vu la lave bondir jusqu'au cratère d'un volcan, sans faire éruption, & retomber dans le creuset, pour ne se reproduire au dehors que quelque temps après (*).

Le feu
nous a don-
né tous nos
arts.

Ce raisonnement cependant, ne doit pas être un prétexte pour chercher à faire de l'or, du diamant ou de la pierre; car il s'agit ici d'un abyme de feu, d'un creuset dont nos petits moyens n'approcheront jamais. Les chimistes ont très-bien pensé que le feu étoit l'agent de toutes les conversions de matières; mais la nature, qui, à la vérité, ne travaille qu'à l'atelier du feu, a pour laboratoire, des planètes, & pour instrument,

____

(*) C'est à cette cohobation de matière vivement frolée à plusieurs reprises, & plus ou moins souvent contre les parois de ces longs soupiraux, qu'il faut aussi attribuer la formation des cailloux, qui ne sont que les fragmens ballotés d'une lave, ne pouvant pendant quelque temps faire éruption.

le temps

le temps. Eh! quels font nos moyens en comparaifon de ceux-là ! Laiffons donc à la nature le pri-
vilége exclufif de créer les métaux par le feu des
volcans; c'eft affez pour nous, que le feu devenu
l'inftrument le plus obéiffant fous nos doigts, par
l'art de la chimie, nous ait appris à nous appro-
prier ces mêmes métaux qui font les moyens
de tous nos arts, & peut-être le germe de notre
civilifation fi fupérieure dans notre vieux continent, à celle du nouveau monde, lors de fa découverte il y a bientôt 300 ans (*).

M. de *Buffon* penfe que les métaux font auffi
anciens que le monde ; qu'originairement ils
étoient fublimés & répandus dans l'atmofphère,
& que s'étant infenfiblement dépofés fur la furface de la terre, les eaux les ont pouffés dans les
fentes où nous les trouvons aujourd'hui.

(*) Un de nos bons écrivains philofophes (M. *Servan*) a dit
que le fer nous avoit civilifés, & que c'étoit de ce métal que nous
tenions nos arts.

Il eft bien plus vrai de dire je penfe', que fans le feu, nous
n'aurions ni le fer, ni la plûpart de nos arts.

En effet, il a fallu d'abord que ce *Protée* fût faifi & enchaîné
par les mains d'un heureux *Ariftée*, pour qu'il nous revélât les
fecrets & les miracles, fi j'ofe ainfi parler, de la Chimie. Le feu
pliant alors mécaniquement fous nos doigts, nous a feul aidés dans
nos arts & dans nos fciences; comme il échauffe feul notre in-
telligence, agite feul l'Univers, & anime feul la nature.

R

Je pense, au contraire, qu'on doit croire qu'ils se créent tous les jours de nouveau & qu'ils se reproduisent à chaque nouvelle éruption. Ils entrent en plus ou moins grande quantité dans la constitution intime des pierres & des rochers; or, comme ces jets de pierres & de rochers se boursoufflent & se fendent en se refroidissant, les eaux qui viennent à stiller ensuite incessamment à travers, en détachent aussi incessamment tous ces corps étrangers, les déposent dans les fentes en stalactites minérales, ou les entraînent encore en plus grande partie dans les terres voisines. Ce sont des stalactites minérales, que les eaux déblayent en criblant la pierre avec d'autres stalactites lapidifiques, & qui ne se séparent de celles-ci que par leur pesanteur, en arrivant dans les fentes de rochers, avec la transsudation aqueuse qui les y amène & qui sert à les souder sous différentes configurations, comme l'étain s'applique aux glaces par le moyen du mercure. La vapeur aqueuse fait ici la fonction du vif-argent, & la poussière douce, métallique ou lapidifique qu'elle dépose sur les corps environnans, représente la feuille de métal.

CONCLUSION.

Les grands phénoménes des volcans que nous venons de détailler, fournissent sans doute les plus fortes analogies que nous puissions comparer pour prouver notre système, & leurs éruptions offrent incontestablement ce qu'il y a de plus frappant dans tous les faits qui peuvent être à notre portée, pour nous remettre sur la voie de la saine physique.

En effet, l'éruption soudaine d'une lave, sa suspension momentanée au sortir du Vésuve, son mouvement progressif sur terre, son reculement à l'approche des corps qui lui font obstacle, & sa chaleur excessive qui fait ses moyens, me semblent démontrer rigoureusement que les planètes ont été engendrées de même, qu'elles sont suspendues & mues par leur chaleur propre & les feux lumineux du soleil ; & que le feu enfin est l'unique agent de tout le mécanisme de l'univers, puisqu'il attire, pousse, atténue, organise, pénètre tous les corps & embrasse la nature entière.

Ignis ubique latet ; naturam amplectitur omnem attrahit & pulsat, dividit atque parit.

Fin du quatrième & dernier Livre.